閃電就是會打在同一個地方！

從小到大耳熟能詳的50個科學迷思大破解

The 50 Biggest Misconceptions in Science

LIGHTNING OFTEN STRIKES TWICE

布萊恩·克萊格Brian Clegg 著　王惟芬 譯

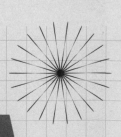

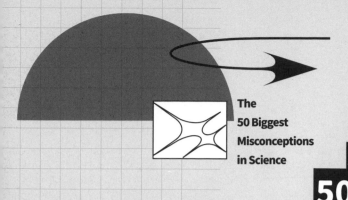

目次

前言

幾千年來人類在嘗試解釋周遭世界時，一直習慣用民間傳說和諺語來描述。其中一些民間信仰源自於經驗，而且日後確實被證明是有科學根據的，好比說，夜晚出現紅色天空的確是第二天早上有好天氣的預兆。同樣的，柳樹皮真的具有減輕疼痛的功效，那是因為當中含有水楊苷（salicin），這個物質較為人所熟悉的形式是水楊酸，也就是阿斯匹靈的主要成分。

其他一些解釋和觀念則是子虛烏有的捏照情事，儘管明明有大量科學證據駁斥這些說法，但卻一直流傳至今。有時這種古諺俗話甚至還會自相矛盾，例如，「人多好辦事」和「廚師太多會煮壞一鍋湯」；又或者是，這已成為一種生活中的儀式感，完全與現實脫離。美國的「土撥鼠日」（Groundhog Day）就是一個很好的例子，這裡指的是觀察土撥鼠的事件，而不是《今天暫時停止》那部電影。傳說在每年二月二日，可從土撥鼠從洞穴中出來的行為來預測六週後的天氣。最著名的那隻土撥鼠是住在美國賓州旁蘇托尼（Punxsutawney）的菲爾（Phil），牠幾乎已經帶有神話色彩。如果那天是陰天，土撥鼠沒有影子，那麼之後的天氣會很好。但如果那天的天氣晴朗，土撥鼠應該會被自己的影子嚇到，又躲回洞穴裡，帶來後續六週的寒冷天氣。

本書將探討五十個這類普世流傳的錯誤信念，有的是有誤導性，有的則完全錯誤。有些是穿鑿附會於民間傳說，好比說本書書名中提到的永遠不會擊中同一個地方兩次的閃電，這說法真的相當普遍，甚至衍伸出其他意涵，被世人用來指那些不太可能再次發生的事件。其他的多半出現在較為現代的民間傳說中，只是其來源讓人覺得很科學。

我們現在所謂的科學在古代剛開始發展時，這些做出解釋或理論的嘗試並沒有一套跟今日類似的嚴格標準，實際上相去甚遠。古代的哲學家主要傾向以論證、而不是詳細去觀察自然界，來做出「科學的」陳述。例如，偉大的古希臘哲學家亞里斯多德（Aristotle）就曾提出一個貽笑千古的斷言，聲稱女性的牙齒比男性少。這個錯誤的假設，只要張嘴數數牙齒就可證明，但亞里斯多德這位哲學家的權威地位（保持了多個世紀）卻讓許多人接受將這樣的斷言當作事實。雖然並非所有前科學時代的想法都是錯誤的，但是由於這些說法長期為世人所接受，即使到了今天，仍然反覆出現這些古老的錯誤。亞里斯多德還信心滿滿地表示人有五感（視覺、聽覺、味覺、嗅覺、觸覺），儘管補上味覺和觸覺可能有所關聯的一個附加條件。這樣的區分其實早就被科學推翻，但我們今日仍在學校教授這樣的說法。

另一種造成誤解的可能性，來自流行文化傳播的現代迷思。舉例來說，許多家長認為吃含糖食物會讓孩子過動。這個觀點強烈反映在電視節目中，從卡通《辛普森家庭》（*The Simpsons*）（不知何故若吃到歐洲品牌的巧克力時效果更強）到情境喜劇《摩登家庭》（*Modern Family*）都曾出現過。充滿能量的糖果會讓孩童過度興奮，這說法感覺起來很有道理，而且經常被包裝成科學事實來呈現。然而，已有很多研究顯示情況並非如此。不幸的是，一旦偽科學信仰成為文化的一部分，就很難動搖。

這種不正確的信念除了傳播錯誤資訊外，通常並不會造成真正的危害。反正糖對兒童確實不好，因此，即使減少糖的攝取以避免過動的理由是錯的，但這想法本身不會造成什麼傷害。然而，在其他情況下，有些信念可能會非常危險。本書所提的五十個例子並不屬於這一類，主要目的是寓教於樂。不過確實提到一些危險的信念：從早期的吸煙有益健康，到比較晚近的主張，宣稱接種 **MMR**（麻疹、腮腺炎及德國麻疹）疫苗會導致自閉症的觀點。對一些相信這些觀點的人來說，這確實讓他們的生活受到極大的影響，因為拒絕MMR疫苗接種，會促進痲疹在未接種疫苗的兒童間傳播，這種疾病可能導致腦部受損和死亡。

本書主要是指陳種種迷思中的誤導，同時提供可能讓人大吃一驚的真相。每個主題都是一個認識科學的迷人機會，並且挑戰那些被奉為真相的迷思。本書的目的是提供這些誤解和神話迷思之所以流傳開來的故事，並清楚描述真實狀況的樣貌。

迷思 01

閃電不會擊中同一個地方兩次

閃電是一股可怕的自然力量。在過去，天空中這些戲劇性的閃光和巨響（雷聲只是閃電劃破空氣時發出的聲音，不是一種單獨的自然現象）曾被認為是神的作為。但是，我們現在知道閃電是由雲中積聚的電荷引起的，可能是由於冰粒相互撞擊，將帶電的電子從原子上摩擦下來。總之，這確實是一種非凡的能量來源。

一般的閃電在一秒鐘內攜帶的能量相當於一座中型發電站的輸出量，而且釋放能量的速度更快。在釋放電能時，空氣中的分子會以極高的速度飛行，

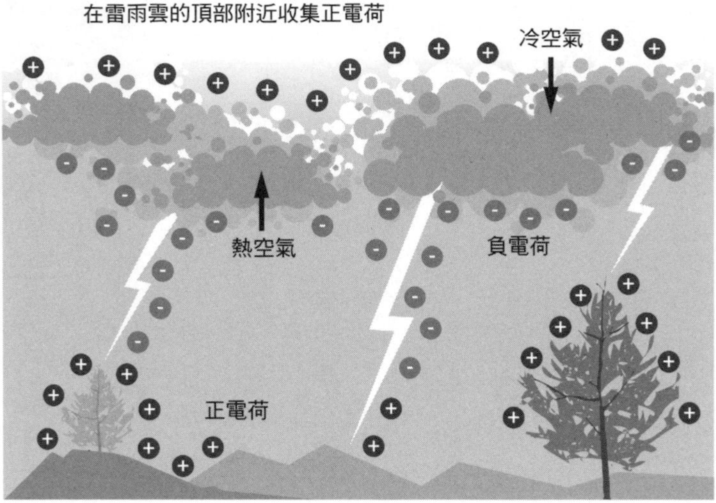

讓局部溫度升高到攝氏兩、三萬度，這比太陽表的面溫度高出四倍多。正是這種爆炸，撕裂了空氣分子，形成了打雷時獨特的隆隆雷聲。

儘管在任一特定地點我們看到雷暴的可能性並不是很高，但這樣的現象並不罕見。在你讀到這篇文章時，世界各地可能發生了大約兩千次的閃電，每天平均約有八百萬次的雷擊（夏天往往更多，但地球上總是有某個地方正處於夏季）。

大多數的閃電是從一個雲層傳到另一個雲層，永遠不會到達地面，不過正是那些從雲層連接到地面的雷擊，或稱電花，為閃電帶來駭人的名聲和最具破壞性的結果，這足以炸毀樹木、引發火勢，並且電死人類和動物。

隨著對雷擊危險的認識，人們開始了種種降低雷擊風險的嘗試。現在，我們可能會在高層建築上使用稱為避雷針的一種雷電導體。自班傑明．富蘭克林（**Benjamin Franklin**）的時代以來，就有兩種理論在解釋這些避雷針的運作機制。這樣的桿子之所以會減少遭到雷擊的可能性，也許是因為避雷針中的感應電壓會減少天空和屋頂間的電壓差，或者是這些避雷針可能會引導閃電放電，讓它沿著安全路徑遠離地面。實際上，能證明這兩種機制的證據都很有限。不過，在十八世紀發展出這些理論之前，還有另一個避雷選項現在看來讓人感到匪夷所思，這是利用「雷石」來進行，其所根據的就是「閃電不會擊中同一個地方兩次」的前提。

這種中世紀的避雷措施是拿一塊據信曾遭到閃電擊中的石頭，將其放在一個可能會遭雷劈的位置，例如房屋的煙囪，或是若是遭到雷擊很可能會起火的茅草屋頂。這些雷石其實多半是石器時代留下來的斧頭，不過當時一般相信這些石頭是因為遭到雷擊才會有這樣的形狀。放上這樣一塊石頭等於提供了保護力，因為閃電不會打在同一位置上。

在英文中，「閃電不會擊中同一個地方兩次」（**lightning never strikes twice**）也變成一句諺語，除了描述閃電，大眾通常也將其用來形容那些不太可能再發生一次的事情。儘管還不確定最初是誰開始這樣使用的，但似乎可以追溯到十九世紀。比方說，在一八五一年於澳洲發行的一份報紙上，就有人用過這樣的典故，而在一八六〇年的美國小說《邊境囚犯的驚險歷險記》（*Thrilling Adventures of the Prisoner of the Border*）中，作者漢密爾頓·邁爾斯（**P. Hamilton Myers**）更是將這則迷思發揮得淋漓盡致。書中的兩位主角剛剛逃離一枚砲彈的攻擊，這時一個對另一個說：「別害怕，布洛姆。你就坐在那顆砲彈上，如果你想待在最安全的地方的話。俗話說，『閃電不會擊中同一個地方兩次』，我想砲彈也不會。」

閃電不會擊中同一個地方兩次的迷思完全沒有任何事實依據，這點其實很明顯。畢竟電流是隨機出現的，怎麼可能預先知道哪裡曾經遭到閃電襲擊？除非閃電的背後真的有宙斯或雷神索爾在鎖定目標，不然這說法實在不算是一個可靠的避雷方式。

實際上，有些易受影響的位置確實經常受到閃電攻擊。例如，帝國大廈就曾在一場暴風雨中遭受多達十五次的雷擊，而且每年經常遭受約二十五次的雷擊。甚至還可以用人的例子來說明這理論有多失敗，美國公園管理員洛伊・蘇利文（Roy Sullivan）是金氏世界紀錄中遭到閃電擊中次數最多的人，一共有七次，而且他每次都僥倖逃過一劫。

迷思 02

我們有五感

在前言中我曾提到的，到今天我們還在學校教導孩童人類一共有五種感官：視覺、聽覺、嗅覺、味覺和觸覺。事實上，我們並不完全清楚人到底有多少種感官，因為這其間的一些區別很難確定，但總數肯定超過五種。

上列這些熟悉的感官最初是在古代確定出來的。古希臘哲學家亞里斯多德給了我們這五種著名的感官，儘管他當時並不確定是否要將味覺和觸覺分開，因為這兩者感覺都需要接觸才會發生（有四、五種感官都與他提出的元素理論相吻合，亞里斯多德認為地球是由地、水、風、火這四種元素組成，並添加了天體這個第五元素，又稱為「精粹」（quintessence））。亞里斯多德的理論是根據經驗和推論而得，他提出的五感確實是最顯而易見的，但很難想像他竟然會漏掉另一種感覺。

如果你將手靠近一個不會發光的發熱物體，好比說熨斗的底座，即使不用觸摸，你也知道它很燙。幸好如此，要不然隨意觸碰熱的東西可能會燙傷。對熱有感覺是一種有用的自然保護機制，但你是用什麼感覺來偵測到熱輻射的？顯然不是靠視覺，因為物體的溫度要達到非常高才會發出可見光，但在這之前很久就可以變得很熱。熱是一種你聽不到、聞不到也嚐不到的感受，[1]你之所以能夠偵查到熱，靠的是你的第六感：溫感（thermoreception）。

要了解溫感的運作方式，我們需要先回過頭來想想，到底什麼是熱。在這裡我們談論的輻射熱是一種光的形式。我們對可見光很習慣，但我們能看到的光只是整個電磁波光譜中的一小部分，整個光譜是從能量低的無線電波

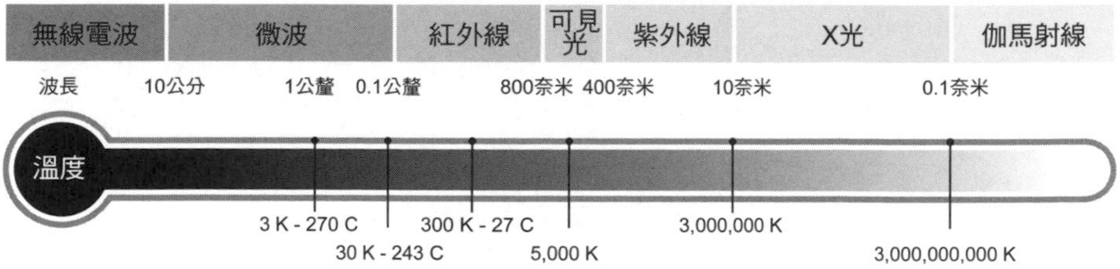

光的「顏色」與其相應的溫度[2]

一直到X射線和伽馬射線。光子（Photon）的能量太低，我們的眼睛無法偵測到，這稱為紅外線。雖然我們看不到紅外線，但我們的皮膚可以偵測到。這樣的偵測很粗略，僅是局部的，而且缺乏明確的焦點，但確實有種截然不同的感覺在作用。這是因為皮膚中含有溫度感受器這種特殊的神經元，能夠偵測冷熱。

現在讓我們再想像另一種情況，這可以顯示出身體還存在有一種感覺。假設你正坐在某個主題樂園的遊樂設施上，會旋轉和下降，通常還伴隨著加速和減速。要是這時你閉上眼睛，怎麼知道遊樂設施在動？觸覺肯定有參與其中，因為隨著遊樂設施的運作，你會被甩到座位或固定裝置的不同位置。但即使沒有觸覺，你的身體也知道自己正在加速。腦內有個流體加速度計會追蹤正在發生的事，以幫助你保持平衡。這並不是依靠傳統五種感官的運作。

另一個例子是所謂的本體感覺（proprioception），你現在立刻就可以做個小測驗：先閉上眼睛，然後去摸自己的鼻子。一般人都能輕鬆做到這一點，但是你是靠著什麼感覺找到鼻子的？顯然，這也不可能是動用傳統的五感。本體感覺是對身體各個部位的位置意識，這對於管理我們身體與周圍環境的互動非常重要。

還有疼痛呢？在某些情況下，痛覺似乎是觸覺的延伸。觸覺讓我們能夠偵測到皮膚上的壓力，當壓力變得過大，這種感覺就會轉變為疼痛。那其他的痛覺又是如何呢？比方說頭痛。這顯然不是對觸摸的反應，而是一種來自神經觸發、完全不同的感覺刺激。

我們還有一系列更微妙的感官能力，一般對感官種類的估計約是在二十出頭到三十三種左右，而心理學家麥克・科恩（Michael J. Cohen）的估計則高達五十三種。會得到這樣高的數目，科恩得訴諸於有許多人認為可能算是作弊或取巧的手法。比方說將皮膚對空氣的感覺視為一種不同於觸覺的感受。不過，有些動物的感官確實遠遠超越我們。鯊魚可以感知到生物體的電場，而鴿子則會利用地球的磁場來導航。此外，儘管蝙蝠的迴聲定位確實有利用到聲音，但這種類似聲納的功能與傳統所謂的聽覺的接收機制完全不同，這會產生一種更接近於視覺而不是聽覺的能力。

1 有時甚至可以聞到很熱的物體，但這是因為熱度使物體表面的物質燃燒或蒸發。熱本身則是聞不到的。

2 譯註：K 是克耳文的縮寫，是熱力學中溫度的計量單位，其零點為絕對零度。

迷思 03

北極星是夜空中最亮的星星

北極星（Polaris）在北半球的夜空中佔有特殊的地位。天上的星星看起來似乎是以北極星為中心在繞行（之所以說「看起來」，是因為我們觀察到的星星運行其實是來自地球自轉），北極星為那些沒有指南針的人提供了寶貴的方向指引。由於具有實用性和天文意義，因此北極星獲得了明亮的美譽。但實際上，它的亮度甚至不在星星亮度排行榜的前十名，若是將太陽這顆離我們最近的恆星鄰居算進來，北極星的亮度排在第四十九位。

再討論所謂「最亮的星星」時，需要稍微謹慎地來看待這句話的含義。

歷史上，在談夜空中的星星時，同時包含有恆星和行星，行星即所謂的「移動的星星」（wandering stars），但行星是指太陽系中相對較小的天體，是被太陽光所照亮的。相較之下，太陽本身是一顆恆星，因為距離地球夠近，所以能向我們展現它強大的能量。而就其他環繞周圍的天體來看，太陽也算是很大的星體，在太陽系中，有九十九％以上的物質都集中在太陽裡。恆星就是一個會發光的巨大天體，而它的光來自於核反應所產生的能量。

就這點來看，似乎沒有必要定義「最亮的」，不過這裡的問題在於並不是所有的恆星都與我們有著相同的距離。一個發光的物體離我們越遠，看起來就越暗。亮度隨著距離的平方而變小。因此，每顆恆星的亮度（或稱「星等」〔magnitude〕，這是天文學家偏好的術語）不是一個，而是有兩個不同的數值，分別代表它的表觀亮度，以及實際或絕對亮度。表觀亮度是指這顆星星在夜空中的亮度，而絕對亮度是指在相同距離下，與其他恆星相比的亮度（天文學家用於比較亮度的標準距離是十秒差距〔parsecs〕，大約三十二・六光年，約為三百兆公里）。

撇開月亮和行星這些不算是現代人所定義的恆星不談，夜空中最亮的恆星就是天狼星（Sirius），也就是天狗星。之所以有這個暱稱，是因為它是大犬座（Canis Major）中最耀眼的一顆。[3] 天狼星看起來非常亮，主要是因為它與我們的距離相對較近，只有八・六光年左右。相較之下，北極星的距離要遠得多，有四百三十三光年。

就絕對亮度來說，北極星比天狼星亮一百倍，但由於距離地球很遠，因此看起來較為暗淡。我們看到的北極星實際上是同一星系中的三顆星，只是其

3 出於某種原因，星座的拉丁名稱中的「major」和「minor」往往會翻譯為大（great）和小（little），但這些在拉丁文中的原意其實是 magna 和 parva，這是指更大以及更少或更小的意思。

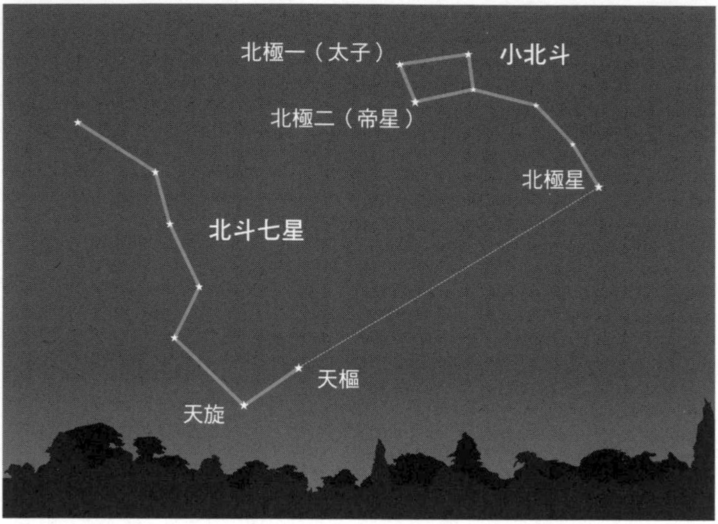

北斗七星（Big Dipper 或 Plough）就是我們所熟悉的大熊星座的一部分，斗勺部分的延伸指向小北斗，或稱小熊星座中的北極星

中一顆遠比其他星來得亮。這顆黃色的超巨星（supergiant）是一顆變星，它的亮度以約莫四天的周期在變化。北極星位於小熊座（Ursa Minor）。

北極星是目前距離「天極」最近的一顆亮星，在夜空中其他星星看似都繞著這個點移動，但這不會永遠持續下去。我們已經知道天空中的星辰起落其實是地球自轉造成的，而地球繞行的自轉軸正逐漸改變方向。自轉軸的指向大約以兩萬六千年的周期環繞一個圓形路徑（在過去，這種現象有個很詩意的名稱：「春分歲差」）。在這個周期中，約有十四顆不同的恆星將取代北極星的位置，成為星空中的北極。不過在接下來的一千年內，目前的北極星仍是指向北方的最佳指針。

迷思

04

泡澡後指尖變皺是因為吸水的緣故

我們都知道在洗澡時指尖（和腳趾）會變軟還會出現皺紋，許多人認為這是因為皮膚吸水後腫脹起來造成的。但不論是我們的手腳，還是身上其他部位的皮膚，這些全都是防水的。人很早就知道皮膚可以阻擋水分進入，不過一直到二〇一二年才發現確切的防水機制。這主要靠的是稱為脂質（lipid）的脂肪分子，最知名的脂質是膽固醇，它是皮膚中的一種脂質，另外還有脂肪酸（fatty acid）和神經醯胺（ceramide）。

脂質分子的結構是一條長鏈，由於其上的相對電荷的分布，分子的頭部會吸水，兩條類似尾巴構造的部分則會排斥水。脂質分子通常會彎曲成髮夾形，兩條尾巴朝向同一方向，但在皮膚的保護層中，防水的兩條尾巴各自指向相反的方向，因此無論水分子從哪裡來，都可將其推開。

既然如此，為何手腳上的皮膚會對水產生與身體其他部位不同的反應呢？（好在是如此，要是我們全身都變得皺巴巴的，真的會不太舒服）皮膚上的水會引發神經系統反射，但這不是水滲入皮膚表面所造成的。事實上，如果有神經損傷，就不會出現這些皺紋，由此就可說明起皺紋是身體的主動反應。

最有可能造成這種效應的原因，是在潮濕的條件下，一切會變得很滑。身體弄濕時，我們的手腳會出現一種神經系統反應，以提升它們的抓握能力，這就好比是汽車輪胎的設計。在完全乾燥的路面上，最好的輪胎是像一級方程式賽車在乾燥天候使用的無凹痕輪胎，這樣才會有最大量的橡膠與路面接觸，提供最佳抓地力。然而普通汽車輪胎都有在胎面壓製凹痕，減少與路面接觸的橡膠量。

之所以會想要減少接觸面，是因為輪胎表面的通道可以讓水溢出，將其推出去，減少輪胎和道路之間的濕滑水量。這樣在危險的潮濕環境中才會有更好的抓地力（這也是傳統輪胎很難在結冰的路面上使用的原因，因為它雖然減少了表面積，但卻沒有將濕滑的東西推開的優勢）。我們起皺的手指和腳趾與輪胎胎面上的凹痕在雨中防止打滑的作用方式非常相似，似乎也是為了幫助我們避免滑倒和掉落東西。

這種解釋已經獲得實驗證實，在一項實驗中，要求受試者拿起各種物體，物體和手都有可能是濕的或乾的。玻璃彈珠就是其中一項，皺巴巴的濕手指比較能抓住濕滑的彈珠，但在撿乾燥的彈珠時就沒這麼容易了。不過還有另一項研究無法完全重現之前這類實驗的結果，因此讓人對此理論產生一些質疑，但目前它仍然是獲得最多證據支持的理論。

就此看來，手指上的皺紋似乎可以幫助我們在潮濕環境中撿起東西，而起皺的腳則像輪胎的胎面一樣，可以盡量提高我們在潮濕環境中保持直立的機會，但前提是我們得不穿鞋襪光著腳走路。

迷思

05

水是電的良導體

〇〇七系列電影的粉絲可能還記得史恩・康納萊（Sean Connery）飾演的詹姆斯・龐德（James Bond）在電影《金手指》（*Goldfinger*）中的開場，這位軍情六處的特務將電子加熱器放入浴缸中，殺死一名埋伏的刺客。我們都知道，將洗澡水通電會產生致命的後果。然而，值得注意的是，純水其實是電的不良導體。

現在描述電的一些術語可以追溯到早期發電的過程，這些聽來就像在談水一樣，比方說電流（electrical current）。不過電氣系統和水管之間其實大不相同，插座上沒有插頭時，我們也不會看到電從插座中流出來（謝天謝地）。然而，電流確實是和流過電線或其他物質的東西有關，這些是所謂的「帶電粒子」。

當電流通過電線時，那些帶電粒子就是電子。這些無限小的粒子通常出現在原子外部周圍的活動雲中。但是在金屬這類電導體中，有些電子是以非常鬆散的方式來連接，因此若導體中存在有電位差，電子就可以流過金屬的晶格結構，產生電流。

如果一種物質沒有這類鬆散的帶電粒子，那就是絕緣體，不會導電，除非在其上施加非常大的電壓，大到足夠將電子從原本穩定的原子中拉出來。就拿空氣來說，這算是絕緣體，但是當在一大氣壓力下，若是通過空氣縫隙的電壓超過每公分三萬伏特後，就會讓一些電子鬆散開來，這時空氣縫隙間就會有電火花穿過。

水是比空氣更好的絕緣體，需要有每公分約七十萬伏特的巨大電位差才會突破它的電阻。既然如此，那為什麼將電器放到水中會是一項危險到足以致命的錯誤，就像龐德使出的那個招數呢？況且，我們也知道有許多動物會利用水中的電流，比方說鯊魚會透過微小電壓來偵測周邊存在的生命，這些電壓是來自於生物體維持生命運作的電化學過程。還有些魚甚至可以產生電擊，既可用來發出信號，還可用來防禦。電魚一般可以產生高達八百伏特左右的電壓，但這還遠低於讓水分解，使其導電的門檻。

那麼，為什麼水明明是絕緣體，卻會讓人體驗到水的導電性呢？因為我們講的「水」是個很混淆的概念，這個詞不僅包括純水（H_2O），還包括當中的雜質。比如說，顯然不是純水的海水，但即使是淡水也有少量溶解在其中的化學物質，特別是鹽類，例如氯化物和氟化物。只有經過特殊處理的水（例如蒸餾水），才會達到足以成為絕緣體的純淨度。

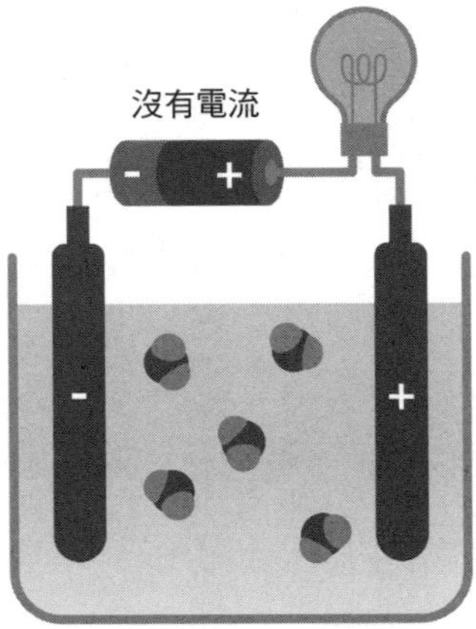

非電解質（純水）

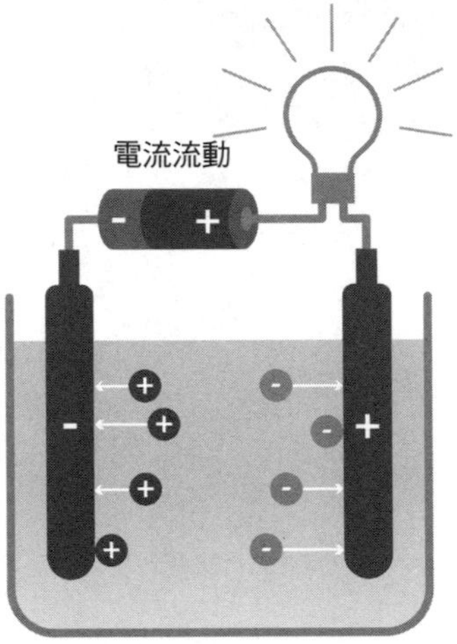

強電解質（氯化鈉溶液）

若是拿海水這個最明顯的例子來說，我們大多數人如果在被問到海水為何導電時，會說這種很鹹的水中含有鹽，也就是氯化鈉，但海水導電性的祕密與氯化鈉根本毫無關係。在製作海鹽的巨大平底鍋中蒸發海水時，會產生氯化鈉，不過最初並不存在這個化學物質。

像氯化鈉這樣的鹽一般稱為離子化合物。這種化學物質不是由原子組成，而是由離子組成，指獲得或失去電子的原子。鈉是在元素週期表第一列的元素，是很容易丟失電子的，因為它們的最外層只有一個電子。在失去一個單獨的電子後，原子外殼的電子全都成雙成對，這時會變得非常穩定。因此，鈉會傾向丟失一個電子，變成帶正電的鈉離子。同樣的，在元素週期表倒數過來第二列的元素，例如氯，只需要獲得一個電子即可獲得完整的外殼，因此它很容易形成帶負電荷的氯離子。

正負電荷之間的吸引力將離子結合在一起，形成了鹽，但是像水這樣的溶劑很會分解這些離子鍵。氯化鈉在溶解後，會分離成帶正電的鈉離子和帶負電的氯離子，漂浮在水中。通常我們在講水時，實際上是指水加上雜質，就是因為這些帶有電荷的離子，才讓海水和自來水成為了電的良導體。

迷思 06

人類的大腦特別大

在一九五〇年代的科幻電影和漫畫中，經常把外星人和未來人類的大腦描繪得很大，還特別突出，以此展現他們演化出超越當代人類的能力。在這些故事中，地球經常遭到這些長相醜陋的異形所入侵，這些外星人長有一顆巨大的大腦，從他們皺巴巴的頭骨表面突出，看來相當駭人。但這顆膨脹大腦的想法其實是基於一種誤解，即大腦的尺寸跟智力很有關係。

毫無疑問，人類的心智能力遠遠超過大多數動物。無論是在智力上，還是在想像力和創造力這些方面，智人這個物種都是相當傑出的。儘管我們的許多能力並不是獨一無二，比方說，有許多其他動物都會有限度使用工具，但我們的技術和改變環境以提高生存機會的能力遠遠超越其他物種。毫無疑問，這種能力來自於我們特殊大腦的功能。

當然，大腦過小確實會限制到心智能力。比方說，一隻蒼蠅僅管很擅於避免拍打，但牠的思維能力顯然很有限。然而，當我們在比較人類與其他動物的大腦時，雖然我們能力很強，但在大腦容量排行榜上，人類肯定不是名列前矛。

有許多方法可以測量大腦的容量。一個簡單的方法就是測量重量或體積。與黑猩猩或大猩猩等其他靈長類動物相比，智人在這方面確實略勝一籌。然而，有一系列的大型動物超越了我們。人腦重約一點三公斤，但大象的腦重達五公斤，而抹香鯨的腦，甚至重達八公斤。即使在人類之間比較時，如果只單獨考慮重量，也無法由此預測一人的智力，好比說無法由此推知愛因斯坦會是一個天才。

愛因斯坦的大腦早已受到學界大量的關注，很自然地這方面的研究已經多到超乎尋常。自他一九五五年去世以來，這顆大腦的歷史堪稱離奇。在驗屍後，愛因斯坦的大腦被切成兩百多塊，每一塊都保存在膠棉（collodion）中，這是一種纖維素的衍生物質，與塑膠很類似。後來，這些大腦切片失蹤了二十多年，最後是在一位病理學家的車庫裡發現，存放在裝有酒精的兩個蘋果酒瓶中。儘管有發現愛因斯坦的大腦與平均值存在著一些小偏差，但這些測量的可靠性可能讓人存疑，因為發現這些偏差的科學家都預先知道這些大腦樣本來自愛因斯坦，難免會抱持一些預期心理，認為應當會發現一些非凡的東西。現在我們唯一能肯定的，就只能說他的大腦重量略低於平均水平，約是一千兩百三十公克。

讓我們試著釐清此處的「大」到底意味著什麼。你可以看看大腦相對於

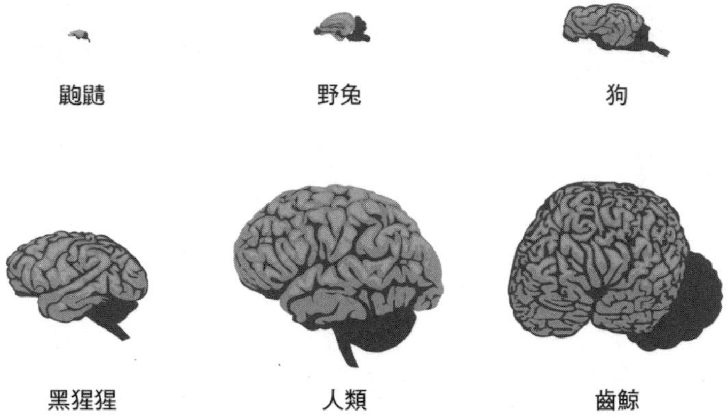

不同物種的大腦相對大小

身體的大小，但若以此當作衡量標準，在哺乳動物中的冠軍是鼩鼱，牠們算不上智力出眾。事實上，若用這種方法來衡量，小型哺乳動物的得分通常比大型哺乳動物更高。比較有趣的方式是看這些大腦的結構組成。大腦並不是一團均勻的物質，而是由許多不同類型的細胞所組成（人類的有數十億個）。

具體來說，若以大小來看，最能反映智力的大腦似乎是神經元的數量，這是大腦的關鍵細胞，位於前腦（forebrain）這部分。在這方面，人類確實名列前茅，儘管我們仍然敗給了領航鯨等動物。男性前腦中的神經元一般也比女性多，儘管沒有跡象顯示兩性之間存在智力上的差異。

實際上，人類智力的獨特面向似乎反映在一系列複合的因素上，而不是基於單一的特定原因。就我們的體型而言，我們的大腦肯定是大於預期，而且前腦也出乎意料地複雜，尤其是在大腦皮層的部分中，那裡約有一百五十億個神經元以及之間的大量連接。人腦之所以為人腦，似乎是基於許多因素的組合，諸如大腦的體積、結構和神經連接形成大腦的方式。不過，就其他層面來看，這仍然是個謎。

迷思
07
物質有三態

物質存在有三種狀態，分別是固態、液態和氣態，這是另一個還在學校裡教授的錯誤資訊。要證明這說法錯得有多離譜，只要去想想整個宇宙，在當中所有的物質裡，有超過九十九．九％都不處於這三種狀態。這不是一個無傷大雅的小錯，物質三態這樣一個主張毫不準確。

在我們的學習中，對水的這三種狀態特別熟悉，因為這是在地球上唯一具有這三種狀態的物質，在我們所經歷到的各種溫度中，水會以不同狀態存在。在固態的水、也就是冰中，構成物質的分子在電磁力的作用下會緊密結合在一起。但它們並非全然靜止，還是在振動，只是在格狀結構中具有相對固定的位置。在液態的水中，那些牢固的分子鍵被打破了，但水分子的移動仍然緩慢，因此足以相互吸引，形成流體，在重力下會保持原位。而在水蒸氣中，氣態的水分子移動得較快，電磁吸引力無法將它們黏在一起，因此會四處漂浮，填滿整個空間（請注意，蒸汽不僅僅是水蒸氣而已，當中也包含有液態的水滴，所以我們才看得見）。

水分子會以氫鍵相互強烈吸引，這對我們來說是件非常幸運的事。水的分子式是H_2O，是由兩個相對帶正電的氫原子和一個相對帶負電的氧原子結合而成。因此，一個分子中的氫原子會被另一個分子中的氧原子所吸引。要不是因為氫鍵，水的沸點會是在攝氏負七十度，那麼地球上就不會有液態水，也就沒有生命。

固態、液態和氣態是我們在學校學到的物質狀態，那還缺少了什麼？主

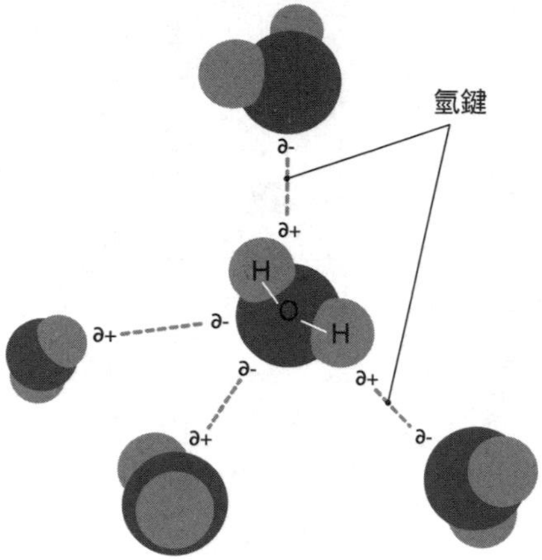

要是電漿（plasma），電漿構成了宇宙其他的九十九・九%。這是恆星的主要成分，而宇宙中大部分的物質都存在於恆星中。電漿有時被描述為一種特殊的氣體，但這是一種誤導。氣體和電漿之間的差異比固體、液體和氣體之間的差別還要大。

傳統的物質三態均是由原子（可看成是一團分子）所組成。它們之間的唯一區別在於內部原子相互作用的方式。但是在從氣體轉變到電漿的過程中，物質不再是由原子組成，這些原子因為添加或失去電子，而成為帶電的離子。電漿之所以看起來像氣體，是因為離子就像處於氣態的原子，可以自由移動，但由於這些是帶電的粒子，所以電漿的行為非常不同。

與一般的氣體不同，具有離子會讓電漿成為良好的導電體。這就是為什麼某些電視螢幕使用的是電漿材質，這種螢幕是由一組含有氣體的微小晶格所組成，以高電壓將這些氣體轉化為電漿。電子與電漿中的粒子碰撞後產生紫外光子，這會激發彩色螢光，產生圖像。在地球上我們還會在其他地方遇到電漿，諸如火焰和閃電等。

毫無疑問物質具有這四種狀態，但大多數物理學家會將一些稱為「玻色—愛因斯坦凝聚體」（Bose-Einstein condensate）。這些是被冷卻到非常接近絕對零度（攝氏負兩百七十三．一五度）的非常稀薄的玻色子氣體。玻色子（boson）是指包括光子在內的一類粒子，不過這裡更重要的是，還包括一些原子核。在這些凝聚體中，組成粒子的能量可能處於它們最低狀態，與其他粒子的表現都不一樣。它們可以是無黏性的超流體，流動起來毫無滯礙，而且學界已證明它們能夠將光速減慢，降到步行速度，甚至可以將其暫時困在這樣的材料中。

迷思 08

地球人口呈指數級數成長（我們完蛋了）

過去幾個世紀以來，地球上的人口顯著增加。在一八〇〇年約為十億；到一九〇〇年，成長了一倍；而在僅僅六十年後，這數量就達到了三十億；在接下來的六十年裡，又繼續增長到驚人的七十八億。這有部分反映出科學在降低嬰兒死亡率方面的效應。然而，要是人口繼續按這種速度成長，人類將陷入嚴重的困境。

早在一七九八年，英國經濟學家托馬斯・馬爾薩斯（Thomas Malthus）就預測人類即將大難臨頭，因為人口不斷增加，而糧食生產的腳步卻無法跟上這樣的速度，恐怕會導致大規模飢荒。馬爾薩斯沒有想到的是，儘管人口增長確實很接近這樣的程度，然而並沒有發生他預想的災難，而這次也同樣要歸功於科技進步。

在過去兩百年間，農業生產率大幅提高，讓糧食生產跟上了人口成長的步伐。近來有人建議我們應該回到過去的耕種方式和純粹的有機農業，在思考這類建議時，值得一併思考一下人口成長與農產的關係，草率行事將導致災難性的食物短缺。當然，目前世界上確實有些地區難以取得糧食，但這反映的只是食物配送的難度，而不是整體的食物不足。

然而，即使有科技的幫助，地球的容量還是有限，人口的成長速度確實相當驚人。那麼，人的數量真的是以指數級數的方式在增加嗎？人類注定在劫難逃嗎？

指數成長通常是指成長非常快的情況，主要跟爆炸性的快速成長有關，但這並不是它的特別之處。我們對線性成長的形式也很熟悉，例如每年成長相同的數量。要是每年成長一百萬人，那麼這樣的人口成長便是線性的，可以將一年的成長量乘以年數，便能計算出總人口成長。然而，在指數型成長中，年數是放在「指數」的位置，大幅提升一個數字的數學冪位。

以指數倍增為例來說，如果每年增加一倍，那麼 n 年後它的大小是原始的 2^n 倍，這裡的 n 是指數。這種數學關係通常可用一個故事來說明，這是在講一個聰明人從奢侈（但愚蠢）的國王那裡得到超級大禮的童話故事。智者最初的要求看似微不足道，只是要了一些米。具體來說，他用的指數倍增的概念，使用棋盤來指定米量。第一格只要一粒米，第二格要兩粒米，第三格要四粒米，以此類推，直到算至第六十四格。

這聽起來沒什麼大不了。但這位國王允諾賞賜的米量其實超過那個國家任何時節的收成，即使在今天來說，都是個天文數字，更不用說在構思這個

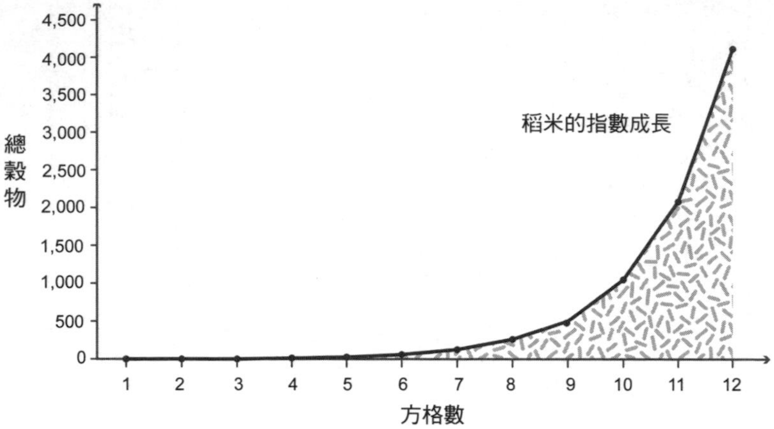

故事的中世紀了。這位智者所要求的米量總數約為一百八十五億粒（大約是目前世界產量的六百倍）。這是因為指數成長會很快地飛奔而上。

人口成長率確實曾經有過指數成長的階段。當人口翻倍所用的時間與接下來的時間相同或更少，那就是指數成長。這已經發生過了。在一八〇〇到一九〇〇年的百年間，人口成長了一倍，從一九〇〇到二〇〇〇年，又成長了一倍，不過之後便不是如此。人口仍在增加，但隨著小家庭成為常態，人口成長率正在迅速放緩。在許多高度開發國家中，現在每個家庭平均生育二．一個孩子，這已經低於要維持人口數量的平均值。在撰寫本文時，預計人口將在二一〇〇年左右達到一百億至一百二十億的最大值，然後就會開始減少。

隨著一個國家的嬰兒死亡率和貧困率下降，家庭的平均生育數量也會下降。在許多國家，這個數字已經低於維持人口所需的二．三個孩子。雖然說一百億至一百二十億人很多，但這還在現代農業能夠支撐的範圍內。我們不會因為人口爆炸而走向馬爾薩斯所預言的災難。長遠一點來看，人類的問題很可能會是人口不足。

迷思 09

金魚的記憶力僅能維持三秒

金魚的記憶力很差，這是個被廣為接受的「事實」。甚至還有一則笑話：「他們以為我不介意老是吃同樣的魚飼料，因為我只有三秒鐘的記憶力。哦！好棒喔！我的飼料來了！」

這不是一個好笑話，當然科學和笑鬧並不總是能相得益彰。然而，這則金魚笑話的最大問題在於是（無論你說的是金魚的記憶能持續三秒，還是時下同樣流行的五秒或九秒的版本），這都完全與事實不符。

我曾經在池塘裡養過金魚，每天在同一個地方餵牠們一次。後來只要我一出現在那個地方，魚就會開始在附近轉來轉去，等待食物的到來。如果牠們真的在幾秒鐘後就忘記一切，就不可能到同一個位置等我去餵食了。在二〇〇三年，一項大學研究的經典例子展示出每個養過動物的人早已知道的事，普利茅斯大學（Plymouth University）的研究人員訓練魚去壓擠槓桿來獲得食物，這種機制後來改成每天只有一個小時才會有作用。他們證明魚的這種記憶可以持續好幾個月。

二〇〇三年顯然在金魚研究這方面有許多重大突破，美澳電視節目《流言終結者》（*MythBusters*）也在二〇〇四年播出的節目中進行了魚的記憶實驗。在他們的研究中，金魚會記得色卡和穿越迷宮的路徑至少一個月。而且顯然早在一九〇八年就有論文支持魚類是有記憶的。

那麼，為什麼可憐的金魚會被冠上這樣錯誤的失憶罵名呢？就許多資料來看，金魚腦的迷思可能源自於一則電視廣告，但也難以確定是否真是如此

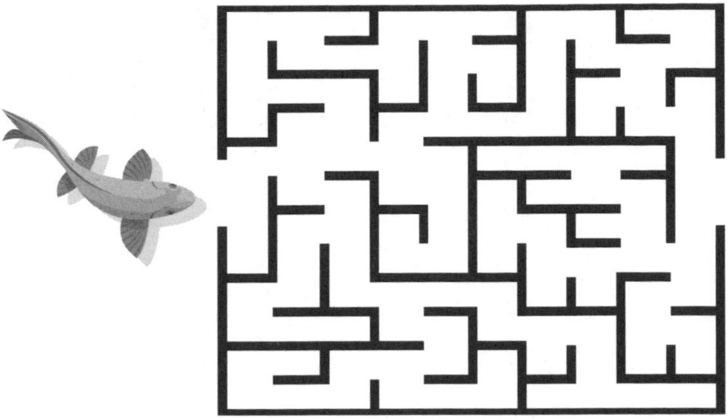

（若真有其事，這則廣告的目的是什麼？又是於何時播出的？）。

比較晚近的是發生在二〇一五年，當時微軟在加拿大的分公司發布了一則報告，讓這則古老迷思再度以一種微妙的方式死灰復燃。在這份報告中，聲稱由於我們接觸數位媒體，人類注意力能持續的時間正在下降。文中指出，在二〇〇〇年人類的平均注意力持續時間為十二秒，但是到二〇一三年已經降到八秒，還說明這比金魚的九秒「平均注意力持續時間」還低。微軟根據的資料來自於一個名為「統計腦」（Statistic Brain）的網站。可惜我們完全無法在這網站之外找到當中任何說法的資料來源。

實際上，這種說法具有雙重疑點。首先是關於金魚記憶力的那個錯誤的舊數據（無論是說記憶力可持續三秒、五秒還是九秒），記憶與注意力的持續時間毫無關聯，記憶力完全是另一碼事。而且在二〇一三年，也沒有人主張過人類對事物的記憶只有八秒，因此這些統計數據的比較根本毫無邏輯可言。而且就連那些與人類有關的數字也是錯的。

撇開其他的不談，根本沒有所謂注意力平均時間這樣的東西。就拿看臉書、開車、讀書或看一部引人入勝的劇情片來講，我們放在這上面每一項的注意力完全不同。我們當然比過去更容易分心，但這並不意味著網路的存在破壞了我們對所有事物的注意力。也可以說，我們之所以不會把注意力集中在多數社群媒體上的發文，是因為它們實在沒什麼內容，就只是值得幾秒鐘的時間。

下次若有人老調重彈，提起那條可憐的失憶（或注意力不足）金魚時，你可以胸有成竹地告訴他們這是錯的。也可以調侃那些記者或公關人員，說他們再次在世界上散播了這則關於記憶力的迷思。

迷思 10

小行星撞地球造成恐龍滅絕

恐龍及其相近的物種曾在地球上風光了好幾百萬年的時間。人類迄今為止僅存在了約莫三十萬年，相較之下，恐龍存在的時間大約是一億六千五百萬年。我們還要花很長時間才能趕上。不過在學校裡我們都有學到，恐龍在大約六千六百萬年前經歷了一場滅絕事件。

長期以來一直對當時發生的那場災難的成因有很多爭議，但現在認為幾乎可以肯定是由於小行星撞擊地球所致。發現這方面證據的是地質學家沃爾特・阿爾瓦雷斯（Walter Alvarez），以及他的父親物理學家路易斯・阿爾瓦雷斯（Luis Alvarez），這對父子檔做了一些非凡的偵探工作。

沃爾特一直在研究地殼中與大滅絕事件相關的地層，年代大約是在六千六百萬年前左右。由於地質層的形成方式，所謂的K-Pg邊界透露出地球在過去這段特定時間所發生的事。K-Pg邊界是滅絕事件發生前後的白堊紀（Cretaceous）與古近紀（Paleogene）這兩個地質時代的英文名稱縮寫。

這對父子檔注意到在這一地層中含有異常大量的銥元素。這是一種重金屬，在地表附近通常很罕見，因為它的密度大，照理來說會因為重力而陷入地球深處。因此，在地殼中發現的銥元素主要是由撞擊地球的流星所帶來的。然而，沃爾特和路易斯發現，若是按照地球外源銥的一般到達率來估算，這一層中的元素含量大約是預期含量的九十倍。更特別的是，無論是在世界的哪個地方採集樣本，都能發現同樣的高含量。

在墨西哥猶加敦（Yucátn）半島邊緣發現了一個兩百公里寬的巨大隕石

坑，算是為這理論提供了輔助證據。這個巨大的遺跡稱為希克蘇魯伯隕石坑（Chicxulub），估算是一顆大約直徑十公里的小行星，以每秒約二十公里的速度撞擊地球所造成的。它的衝擊範圍是廣島核彈爆炸的五十億倍，而且那次撞擊的結果非常恐怖。

地球上的物質被炸個粉碎，拋擲上天後又回落下來，還引起了地震、海嘯以及好幾年覆蓋整顆地球的塵埃和火山灰雲，這些遮擋了大多數的陽光，導致大約七十五％的動植物物種滅絕。就此來看，目前令人擔憂的物種消失情況——有人稱為第六次大滅絕——與希克蘇魯伯事件相比，實在是微不足道。因為迄今為止，我們大約只損失了五％的物種。

那麼這樣看來，恐龍在小行星撞擊後滅絕的說法似乎是對的，但事實並非如此。有些恐龍倖存下來，而且牠們的祖先至今仍與我們同在，雖然已經演化了很多，但仍然是恐龍。這論點也許聽起來不可思議，那是因為我們對

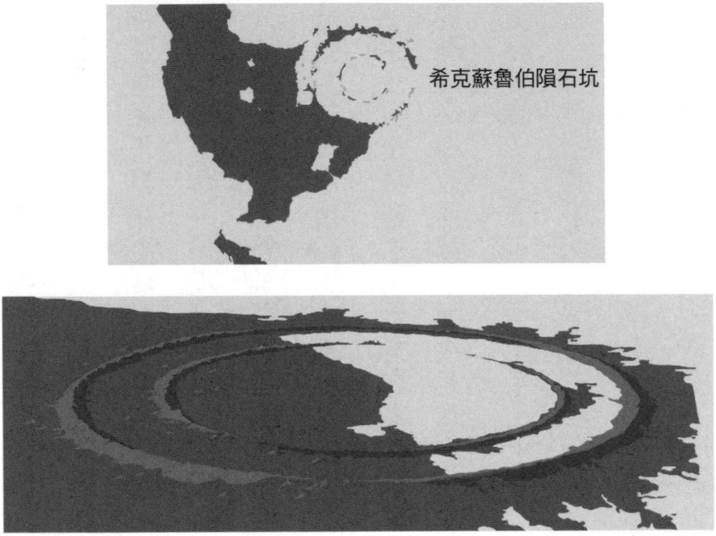

六千六百萬年前小行星撞擊時造成的隕石坑大部分都消失了

恐龍的樣貌已經有了根深蒂固的想法，這要歸功於我們在博物館和《侏羅紀公園》（*Jurassic Park*）電影中所看到的。的確，大多數我們熟悉的物種，從霸王龍到迅猛龍，都沒有倖存下來。這些體表大多光滑或長有鱗狀皮膚的巨型蜥蜴類動物就是我們心目中的恐龍，但這種印象根本不正確。

恐龍與蜥蜴不同，牠們是溫血動物。牠們會下蛋，而且許多恐龍（包括那些兇猛的迅猛龍）都長有羽毛。更重要的是，有些種類的恐龍還會飛。這些特徵聽起來有點熟悉嗎？沒錯，鳥類也是恐龍，儘管牠們確實在滅絕事件後演化了。這有部分是因為鳥類的祖先體型相對較小，與大多數的恐龍物種相比，牠們比較能夠撐過撞擊後的困難時期。因此，並非所有的恐龍都滅絕了。

迷思

11

塑膠垃圾會讓氣候變遷惡化

在新聞中經常有環境問題的報導，這是理所當然的，為了人類的未來，必須要善用我們的環境。通常，這些議題都放在「拯救地球」這樣的大框架下，但這說法毫無道理可言。地球本身並沒有什麼問題，而且無論我們在其上丟什麼東西，也不會造成這顆行星的重大改變。在地球四十六億年的歷史中，早就經歷過幾次極端的寒冷和高溫時期，這遠比在未來幾千年內因人類擾動而造成的氣候變遷都來得糟糕，但地球還是會回復。

然而，其他所有物種並不具有這樣的復原能力，而且無論我們在考量的是要保護智人，還是保護生物多樣性，兩者都能增加人類存續的機會，並讓世界保持在我們喜歡的狀態，重要的是，我們必須努力確保人類改變周圍環境的獨特能力不會導致這場災難性的變化。

目前科學界的共識是，我們正在經歷氣候變遷，這主要是來自於化石燃料的使用，這也是有史以來人類面臨的最大環境問題。由於大氣中溫室氣體的增加，夏季變得越來越暖和，野火和洪水等極端天氣事件變得更加頻繁。溫度上升也意味著海平面上升，造成這種情況的最初原因就只是水受熱時會膨脹，佔據更多空間；但現在我們也看到長期冰原的融化加劇。隨著海平面上升，低窪國家也將陷入險境。

儘管目前對於氣候變遷發生的速度的確切細節存在有合理的爭議，原因是氣候模型很複雜，難以做出準確的長期預測。但毫無疑問的，我們需要採取行動來防止氣候變遷超過臨界點，免得對人類的棲息地造成嚴重破壞。

與此同時，近年來關於減少塑膠垃圾的宣傳也很多。塑膠是非常有用的材料，無論是在醫療保健還是食品製備上，它們挽救了許多生命。應用得當與正確處置，其實是人類生活的一大福音。問題是當塑膠最終進入海洋時，會給野生動物帶來相當大的問題。許多名人在媒體上提倡減少塑膠垃圾造成很多混淆和誤解，在媒體報導中，經常會聽到和看到將氣候變遷和塑膠垃圾混為一談的情況。

就塑膠垃圾近來被妖魔化的程度來看，發現它還是在某方面對環境有益時，真的令人相當驚訝。塑膠需要很長時間才能分解成它們的組成元素和更簡單的化合物。當塑膠完好無損時，它就像一棵樹一樣，可以鎖住碳，不然這些碳可能會被釋放到大氣中，加劇氣候變遷。就以塑膠袋為例，若是將其與現在受到希望彰顯綠色形象的公司所青睞的可生物分解包裝來說，兩者在製造過程中都會產生一些溫室氣體的排放，但可生物分解包裝對氣候變遷的影響要大得多，因為它的大部分碳最終都會成為二氧化碳，而不是安全地封存在地球上。就氣候變遷而言，使用可生物分解包裝只是一種表面綠化的作為，看起來很環保，實則不然。

最好是能重複使用塑膠，並在無法繼續使用時以友善環境的方式加以處理。我們當然不希望它們最後跑到海洋裡。但是，從塑膠轉向可生物分解的替代品，對於最緊迫的環境問題（防止氣候變遷）來說其實更糟。

迷思 12

原子就像是一個微型太陽系

將一顆原子看做是太陽系的縮影，這既具有視覺的指標性，又符合我們對秩序感的愛好。每次請製圖師繪製一個原子符號時，最後的結果幾乎如出一轍，看起來總像是一顆周圍環繞著行星的恆星，好比說國際原子能總署（International Atomic Energy Authority）的標誌便是如此。我們知道，太陽系是由一顆質量大的恆星和相對較小的行星所組成，這些行星會按一定距離圍繞恆星運行。一個原子有一顆巨大的原子核，以及一些較小的電子，並且是按照一定距離圍繞它運行，這兩者之間的確有種美麗的對稱性。不幸的是，

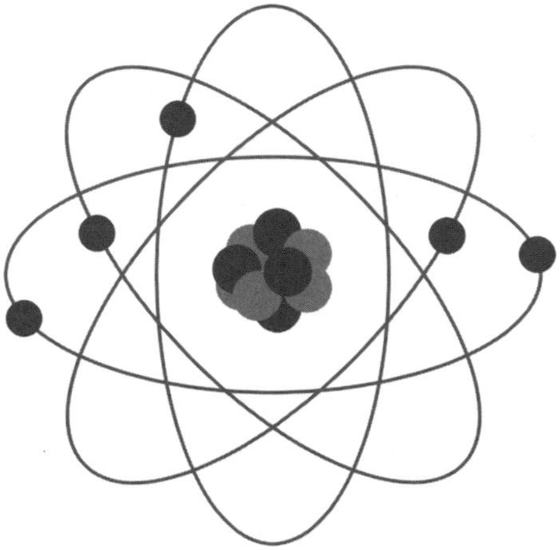

這完全出自我們的錯覺，而且早在發現原子具有內部結構後不久，大家就明白這一點了。

對原子的最初認識是它可能是物質的最小組成單位。在英文中，原子（**atom**）來自希臘文中的 **atomos**，字面上的意思是不可分割的。當你把物質不斷切割到最小的碎片時，最終剩下不能再切割的部分就是原子。

這份對原子的想像在二十世紀初開始瓦解，當時紐西蘭籍的物理學家歐內斯特．拉塞福（Ernest Rutherford）

和他在英國曼徹斯特的研究團隊提出了原子模型，顯示大部分質量都位於中心的原子核內（拉塞福當時是從生物學中的細胞核借用「核」〔nucleus〕這個術語，這在生物學中用來表示複雜細胞的中心成分，也就是細胞核）。他之前也早已發現原子包含有稱為電子的微小帶電粒子，電子帶負電、原子核帶正電，相互抵消。但對原子的內部結構尚不清楚。

在拉塞福進行這項揭開原子結構的決定性實驗前，電子的發現者、劍橋英國物理學家湯姆生（J. J. Thomson）曾提出「李子布丁」模型，電子分布在一種帶正電的黏性物質間，有點像是在聖誕布丁裡的葡萄乾（這個比喻引起了很大的混淆，因為聖誕布丁中沒有李子，但這裡的李子只是葡萄乾的舊稱）。總之，帶正電的原子核需要有電子的存在，無論是在外部的哪個地方。

正是基於這一點，讓那些試圖推測原子結構的人曾短暫地推敲過是否原子結構類似於太陽系的可能，當中最知名的要算是丹麥物理學家尼爾斯．波爾（Niels Bohr）。在我們的太陽系中，像地球這樣的行星在萬有引力的作用下正朝著太陽而去；但同時它們也與引力方向成直角移動，[4] 因此，儘管它們一直朝太陽方向墜落，但也一直逃離這股吸力，這幾乎就是軌道繞行的定義。那麼為什麼不能想像被原子核電磁力吸引的電子也是在軌道上運行呢？

問題在於，當帶電粒子加速時，能量會以光的形式耗損掉，這就是無線電發射機的運作原理。在天線中，電子上下加速，發出無線電波段的光。要是電子沒有受到發射器所驅動，它們很快就會失去能量。但如果電子是在軌道上，它們也會以這種方式失去能量，因為繞行時會不斷改變方向，而改變方向是一種加速形式。這樣一來，電子很快就會撞進原子核，所有原子都會自我毀滅，幾乎就在一瞬間。

後來，波爾和其他參與量子物理學發展的物理學家就把模型中的軌道消除，拯救了原子。電子是量子粒子，與行星不同，電子沒有特定的位置，除非它們與其他東西相互作用。其餘的時間，電子以一種機率雲的形式存在，圍繞著原子核。而它們的量子性質意味著它們只能成團地失去（或獲得）以光子為形式的能量。這意味著電子不能進入原子核，只能在所謂的量子躍遷中從一朵雲跳到另一朵雲。這些雲稱之為軌域（orbitals），以避免（或可能導致）與軌道（orbit）相混淆。

將原子描繪成一座微型太陽系可能只是一種簡便的視覺藝術呈現方式，但這樣的圖像與事實不符。

4 行星繞太陽的軌道運動與之間的萬有引力成直角，這是由於物質的不對稱分布，造成氣體和塵埃的收縮雲旋轉的自然趨勢。

迷思 13

沒有什麼能比光行進的更快

對多數人來說，這是潛伏在記憶深處的科學「事實」，相信速度有一極限，就是約為每秒三十萬公里的光速。但是，就像科學中經常出現的情況一樣，現實比表面看起來要複雜得多。

其中一個複雜的面向來自於「光速」這個相當模糊的概念。光其實沒有一個固定的速度，它的速度取決於經過的材料。例如，光在玻璃或水中的行進速度就比在空氣中慢，而在空氣中又比在真空中慢。這就是為什麼會產生折射效應的原因，光在通過不同介質時會改變行進方向，好比說光從空氣進入水中的方向會改變，這是光束以一定角度穿過界面時所引發的效應。

雖然在真空中不可能讓任何一個物體以比光速更快的速度移動，但在其他介質，好比說在水中，沒有什麼可以阻止一物體以超過光速的速度來移動（順便補充一點，光在真空中的速度是每秒 299,792,458 公尺，因此現在將一公尺定義為光在真空中行進 299792458 分之一秒的距離。很可惜他們當時沒有簡單地選用三億這個數字）。當一物體在介質中的行進速度真的超過光速時，就會造成相當於是光學上的音爆。音爆是指飛機的飛行速度超過音速時會累積壓力波，因而造成巨大的爆炸聲。

在所謂的「切倫科夫輻射」（Cherenkov radiation）中，就可以看到光學中的這種效應，水下核反應堆周圍發散的那片令人毛骨悚然的藍色光芒就是由這種輻射所導致的。反應堆產生極高速的電子，它們在水中的移動速度比光還快，超越光在水中每秒約二十二萬六千公里的速度。在這個過程中，移動中的電子會激發水分子內其他電子的能量，等到能量再度下降時，便會發出藍光。

愛因斯坦的狹義相對論也為速度產生了一個微妙的限制。這一理論表明時間和空間不是相互獨立的，而是有所關聯的整體中的部分。當某個物體以高速在空間中移動時，其所產生的相對效應會讓外部觀察者覺得時間因而慢了下來，而物體則是在行進方向上收縮，同時增加質量。發生這種變化的因素取決於光速，如果將一物體加速到光速，那麼外部觀察者所測量到的質量將變得無限大（但是對於在這物體上的觀察者來說，物體並沒有移動，因此也沒有效應，這就是為什麼這理論稱之為相對論，而且令人感到難以置信）。

由於不可能以接近無限大的質量來進行加速，這表示我們無法在空間中觀察到一個物體的運動速度超過光速。然而，原則上，比光速移動得更快的物體是可能存在的：這樣一個假設的粒子甚至還有一個名字，叫做迅子

（tachyon）。但目前沒有證據顯示迅子真的存在。不過確實有另一種方法可以產生超光速運動，只要去改變空間本身即可。

如果空間會膨脹或收縮，那麼狹義相對論的侷限性就不適用。試想，如果我們在一個有部分會膨脹的氣球表面畫兩個點，然後再把氣球吹大。兩點會彼此遠離，然而，它們仍然在最初開始時完全相同的位置上。這些點沒有穿越「氣球空間」，是氣球本身發生了變化。同樣的，我們知道空間可以膨脹或收縮。一般認為宇宙早期的膨脹速度遠快於光速，之所以有這樣的可能性，就是因為空間發生變化，而不是物體本身在運動。墨西哥物理學家米格爾・阿庫別瑞（Miguel Aclubierre）甚至推測有可能存在所謂的「曲速引擎」（warp drive），這與美國科幻電影《星際爭霸戰》（*Star Trek*）中「企業號」（Enterprice）的那顆曲速引擎相去不遠，它會縮小宇宙飛船前方的空間並壓縮後面的空間，使飛船在向前移動時不需要穿越太空。

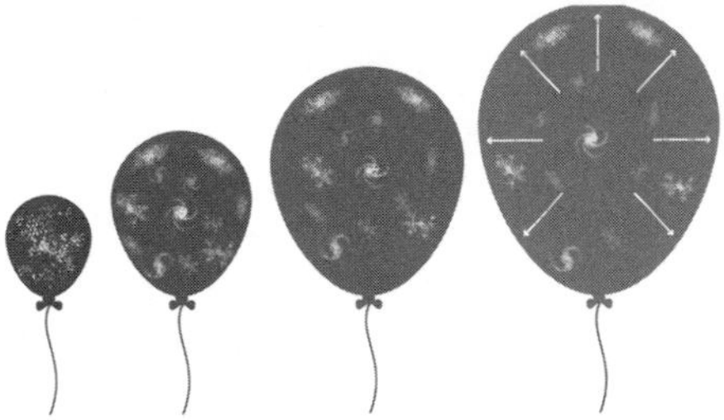

在「超光速實驗」（superluminal experiments）中已經證明存在有類似但規模較小的效應，這實驗是將光發送的速度增加到比光速還要快。在實驗中，應用了量子穿隧效應（quantum tunnelling）。由於量子粒子（例如光線中的光子）在與其他物體產生相互作用前並沒有一個確定的位置，它們的位置是以概率分布的形式存在，因此能夠直接跳過應當會阻止它們的障礙物。它們穿過障礙所花的時間遠少於光經過那段距離所需的時間，測量結果發現光子的行進速度是光速的四倍以上，而這效應甚至已經應用在超光速音樂訊號的傳送上（可至下列網站：bit.ly/supermozart 聆聽傳播速度是光速四・七倍的音樂）。

迷思 14

血含有鐵所以才會看起來呈紅色

老實說，在學校學到的生物知識我大半都忘了，不過我確實記得有人告訴我，血液之所以是紅色的，是因為當中含有鐵。這講來似乎蠻有道理的。雖然鐵是一種銀色金屬，但許多鐵化合物，尤其是氧化鐵（通常稱為鐵鏽）都是呈現橘色或紅色。血液中含有一種稱為血紅蛋白的化合物，即「血紅素」（**haemoglobin**），英文中的 **haem** 這個字首來自古希臘文中的「血」，而且通常用於描述含鐵的材料，例如赤鐵礦。這是礦物學中的專有名詞，指的是一種常見鐵礦。

況且，還有所謂的缺鐵性貧血（iron-deficiency anaemia），可能是因為失血或懷孕而發生。這種病症是靠著驗血來檢驗，並且是以鐵片來治療。當然不是字面上的鐵，而是含有硫酸鐵的藥丸，硫酸鐵是一種鐵化合物，可以幫助患有這種疾病的人恢復血液中的鐵濃度。

若是將血紅蛋白的分子結構放大，確實可以看到預期中的鐵。血紅蛋白是一種蛋白質，是生物體中數千種發揮重要作用的化合物之一。最初，這種有機化合物稱之為血球蛋白（haematoglobulin），英文名稱的字面意思是「小血塊」之類的東西，但後來覺得唸起來有點拗口而更名。不是只有人類使用這種蛋白質來攜帶氧氣，其他多數脊椎動物也是如此，魚類是少數的例外。

除了水份之外，血紅蛋白是紅血球的主要組成，紅血球的主要工作是攜帶氧氣到全身（它們還會攜帶細胞不需要的二氧化碳，將其處理掉）。這些微小的細胞，形狀有點像微小的杏桃乾，在大約二十秒內的時間內會繞行身

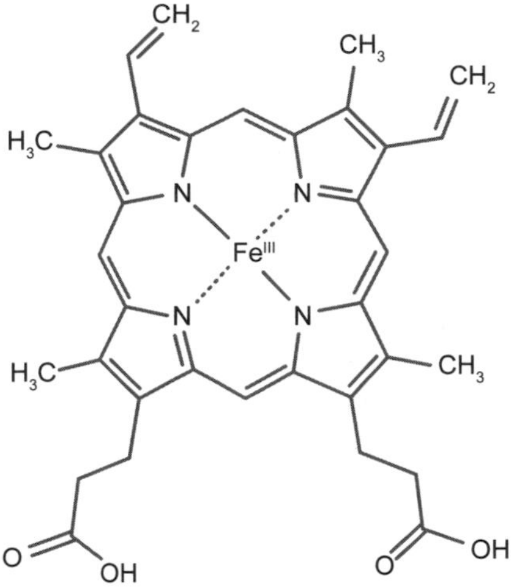

以鐵（Fe）為核心的血紅素單元結構

體，在體內持續大約四個月，然後就會被替換掉。

每個血紅蛋白分子都包含四個鐵原子，都是相對較小的「血紅素」（heme）的一部分，與其周圍的有機物質構成卟啉（porphyrin）的結構單元。這個詞的英文也是源自於希臘，這可以幫助我們釐清一些事情。卟啉源自古希臘文中的骨螺（murex snails），古人會拿這種螺來製造蒂爾紫（Tyrian）這種深受帝王喜愛的染料。卟啉的有趣之處在於它的顏色會因其形狀而變化，因為血紅蛋白的外部顏色是由光與分子結構的相互作用所決定的，而且在它執行攜帶氧氣的任務時，形狀會發生變化。這樣形狀的變化將原本相對暗沉的紅色血液轉變為較為明亮的紅色，也就表示當中富含氧氣。但是這兩種顏色都不像鐵鏽的那種橘紅色調。

正是卟啉的變色特性使一氧化碳中毒者的皮膚出現明顯的紅暈。一氧化碳是一種難以察覺的氣體，無色無味，與卟啉的結合力特別好，遠超過氧氣，因此會導致身體無法獲得所需的氧氣。當血紅素與一氧化碳而不是氧氣結合時，形狀變化導致皮膚出現令人吃驚的顏色。當血紅蛋白攜帶二氧化碳時則不會發生這種情況，因為二氧化碳附著在血紅素基團的不同部分。

所以說，血液中確實含有鐵，也是因為血液中含有鐵的部分讓血液呈現紅色，但產生紅色的並不是鐵，血液並不像鐵鏽的鐵紅色或火星表面的那種紅。古希臘人以戰神阿瑞斯（Ares）來命名這顆戰神之星，正是因為他們認為火星的顏色與血類似。

迷思 15

人類只使用了十%的腦力

我的寫作生涯始於商業創造力書籍，在此我必須很慚愧地承認，在其中一本書裡，我曾鼓勵讀者使用種種技巧來鍛鍊他們的大腦，而且很愉快地點出我們通常只用了大腦的十%，還有巨大的腦力資源尚未開發。不幸的是，這種廣為人知的想法實際上毫無根據。

那些試圖銷售能夠「增強腦力」產品，或提供大腦訓練的業者，經常信誓旦旦地說我們沒有充分發揮大腦的能力，而且他們經常會提到似乎能證明這一點的科學報告。這方面最早的研究是在十九世紀末由兩位哈佛大學的心理學家所進行的，這項研究顯示出我們並未有效地使用大腦。

嚴格來說，美國科學家威廉·詹姆斯（William James）和鮑里斯·西迪斯（Boris Sidis）其實並沒有說人類沒有用到他們大半的大腦功能，而是指出我們在思考時通常沒有認真地動腦，這一點確實難以否認。但在間接引用這項哈佛研究時，似乎在有意無意間將原來的主張轉變成下面這樣一種觀點：即有很大一部分的大腦在大部分時間都閒置在那裡，幾乎什麼事都沒做。

之所以會有這樣的轉移，有可能是因為發現大腦不是一個均質的器官。在針對遭逢事故和疾病而致使大腦部分受損或毀壞的相關研究中，發現大腦的許多功能是由大腦中不同的區域（或者更具體來說，是不同的立體區塊，因為這是一個三維結構）來負責，舉凡從創造和回憶到控制身體的各個部分，乃至於決策以及根據感官輸入來建構我們周圍世界的圖像。

現在我們擁有核磁共振掃描儀這類的設備，能夠檢測一個具有功能的大腦的所有部分的活動，因此，科學家無需猜測當移除某部分時會發生什麼，而是可以準確研究大腦的哪些部分在我們從事不同的活動時會啟動。

儘管存在有強度上的相對差異，但從這些掃描可以看出，無論我們從事何種活動，大腦中大部分的區域都保持在活躍的狀態。的確，大腦的某些部分有助於協調不同的功能，而且某些部位會在不同時間比其他部分更活躍，但大腦的運作仍然依賴各個區域的相互作用，這遠比當初所推測的範圍更廣。

左右腦分裂就是一個很好的例子，能夠說明這種位置理論現在已經被更好的大腦掃描資訊所取代。長期以來，大家都認為左腦與邏輯、結構化思維有關，是大腦中冷酷但較為理性和科學的一面；而右腦則是負責藝術和色彩、情感和創造力。這種左右區分的概念是基於一項生理結構的觀察，即大腦實際上是由兩個幾乎獨立的半球所組成，只是透過一大束稱為胼胝體（corpus callosum）的神經連接起來。然而，雖然大腦確實以略微不同的方式來處理其中一些心理活動，但現代的腦部斷層掃描顯示出將大腦分成左／右半腦來看，實在是種無可救藥的過度簡化。

那些很熱衷地在談我們只發揮十％腦力的人，往往是想利用它來暗示我們還有潛能尚未開發，只要能夠充分發揮這些還不活躍的部分，我們就可以具備卓越超人的能力。有些人認為，只要能夠活化那些未使用的大腦區塊，甚至可以獲得心靈感應和心靈遙控等心智能力。但若仔細想想，就知道這一切似乎不太可能。要是大腦真的有這麼多部分沒有使用，那麼這個佔我們總能量消耗約二十％的複雜器官就不可能隨著人類長時間的演化保留下來，理當會失去很多複雜性。

這並不是說我們無法再提高我們推理或創造性思考的能力。就這方面來說，我們確實沒有充分發揮大腦的能力。但這完全不是在說大腦的大部分區塊都閒置在那邊無所事事，在應該使用時沒有善加利用。

迷思 16

從帝國大廈頂端掉下的一枚硬幣可能會砸死行人

今日，美國的帝國大廈甚至排不進全世界前五十高的大樓。在撰寫本文時，它在紐約市的高樓中僅排名第七。不過，在一九三一至一九七二年間，它有很長一段時間是全球最高的建築。而且從電影《金剛》（*King Kong*）中的經典場景開始算起，帝國大廈的身影曾出現在兩百五十多部電影中，這表示在視覺上和在人們的心目中，它仍然代表著一個很高的建築物。

當帝國大廈仍然具有世界最高建築的頭銜時，難免會讓人覺得，要是有硬幣從樓頂掉下來，恐怕會砸死下面的行人。這想法似乎非常合理。畢竟很

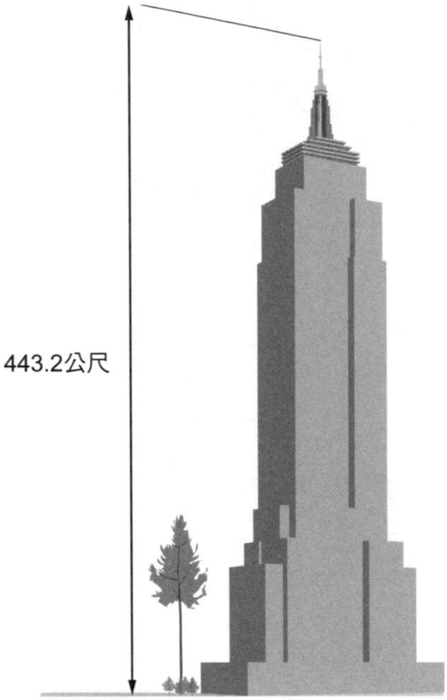

多硬幣都比子彈來得重，而一顆子彈就能造成可怕的傷害。擊中目標物的力道是以動量來衡量的，也就是一物體的質量乘以它行進的速度。以目前英國硬幣的重量為例，約莫在三．五到十二克之間，而美國硬幣的重量則是在二．三到十一．三克之間。這些並不是特別重。認為落下的硬幣具有殺傷力，是假設它從帝國大廈這樣高的地方掉落時，落地的速度會變得相當快。

帝國大廈的確切高度有點難定義，因為帝國大廈頂部立有一根無線電桅杆和一個高尖頂（之所以加到原始設計上是為了確保它比當時的競爭對手克萊斯勒大廈還要高），但即使投幣者像電影中的金剛一樣爬到最上層，也很難投出一枚硬幣，讓它越過建築物的邊緣，所以我們可能得假設硬幣是從三百二十公尺高處的觀景台落到人行道上。

那麼，當硬幣砸到它可能的受害者時，速度到底有多大呢？落下的起點就是開始計算重力加速度之處。雖然遠離地球表面時，地球的引力會減弱，但建築物高度對引力的影響微乎其微。因為重力的作用就好像行星的質量集中在其中心一樣。當我們站在地球表面時，我們與中心的平均距離為六千三百七十一公里。六千三百七十一公里和六千三百七十一．三二公里之間並沒有太大的差異。

地球表面的重力加速度為每秒九．八公尺。也就是說，一秒後的速度是每秒九．八公尺，兩秒後是每秒十九．六公尺，依此類推。要計算出從三百二十公尺高處墜落至地面時的速度稍微有點困難，不過現在到處都有計算機可用。如果不考慮其他因素，一枚硬幣需要八秒才會落地，最後是以每秒七十九公尺左右的速度到達地面。就一枚十公克的硬幣來說，這會產生的動量是將兩者相乘，得到〇．七九這個數值，單位是每秒公斤公尺（79×0.01=0.79）。將其與手槍子彈的動量相比，可能會有比較具體的概念，手槍發射出的子彈動量是速度乘上子彈重量約為三．一五（450×0.007=3.15每秒公斤公尺），大約是落下硬幣的四倍。

但實際上，還有另一個因素要考慮：空氣。多半時候我們都選擇忽略不計，但落下物體的速度會因大氣對移動物體的阻力而減慢。因此，任何物體都有一個「終端速度」，這是在空氣中墜落的最快速度，取決於物體外型所造成的阻力（這就是為什有降落傘的人下降速度會減慢，因為降落傘在空中的表面積大得多）。

對一般人來說，若是腹部朝下，終端速度約為每秒五十五公尺。若是一枚硬幣，它的速度可能約為每秒二十八公尺，這會使它的動量降低到子彈動量的十二分之一左右。

若是被帝國大廈掉下來的硬幣砸中肯定會很不開心吧！但它絕對殺不了你。電視節目《流言終結者》（*Myth Busters*）創造了一種特殊的槍，可以用適當的速度發射硬幣，而且不會射死人（請千萬不要在家裡嘗試）。在二〇〇七年左右又有另一項可以相比的實驗，顯示出從高樓落下硬幣的危險性甚至比《流言終結者》中所做的那項實驗還要低。

維吉尼亞大學的物理學教授路易斯·布盧姆菲爾德（Louis Bloomfield）設計了一個實驗，能夠自動地從氣象氣球中拋出一整堆硬幣，氣球的高度足以讓它們達到終端速度。他聲稱這些硬幣不會造成傷害，衝擊力道感覺起來就像被大雨滴到。布盧姆菲爾德使用的是一美分的硬幣，比上面算式中使用的重量更輕，不過他也發現了造成減速的另一個因素。那就是硬幣在落下時會不穩定的顫動，這通常會拉低它們的速度，降到每秒十一公尺。

迷思 17

吃糖會讓孩子變得亢奮

在《辛普森家庭》或是《摩登家庭》這類以兒童為主角的節目中，都會出現吃糖後躁動的類似橋段，孩子在吃下過多的糖後，變得活蹦亂跳、精力充沛，幾乎可以在牆上飛簷走壁。這時會說他們進入「過度活躍」（hyperactive）的狀態，或簡稱為「太嗨」。

儘管大家普遍相信這種說法，但實際上這件事毫無根據可言。目前至少有十二項設計良好的研究顯示，糖的攝取量與行為改變之間毫無關聯。探討這類問題的研究必須是「雙盲」的，才能算是設計良好。這意味著參加試驗的孩童不會知道他們自己有沒有吃到糖，當中有些人只是拿到安慰劑，不含糖但是有相同的甜味，甚至連實驗者本身也不知道是哪些孩子吃到哪種甜食，以避免他們在解釋結果時可能會有先入為主的偏見。研究顯示，攝取糖分對於那些診斷有注意力不足過動症（Attention Deficit Hyperactivity Disorder，ADHD）的孩童不會產生任何效應，還有那些家長認為孩子受到糖份強烈影響的兒童，實際上也沒有。

這些研究顯示，在回報日常生活的吃糖後反應中，結果顯示影響最大的因素是父母本身的預期。如果成年人認為他們的孩子吃下的是糖，就會回報他們看到孩子展現出更多的過動行為，這是他們的預期心理所致。不過，這些期望並非純然是心理預期的錯覺，這恰好突顯出在解釋科學結果時的一個經典問題：相關性（correlation）和因果關係（causation）的混淆。

相關性是指兩件事隨著時間或地點以相同方式產生變化。在我們的假設中，這種關係往往是因果關係，所以會說是 A 導致了 B。但實際上也有其他可能，不見得是 A 導致 B，而是 B 導致 A，或是兩者皆由第三件事所引起。同樣的，如果有大量的數據，就會出現很多根本沒有因果的相關性，兩者間的關係純屬巧合。現在世界上能夠取得的數據非常多，因此會出現許多這樣的虛假相關性。有個網站甚至建立起這類圖表，包括吃起司似乎會導致人被床單纏死，人造奶油（乳瑪琳）的消費率似乎與美國緬因州的離婚率有關。[5]

糖會導致過動的想法很可能來自於誤解，糖的攝取和過動其實是由第三項因素所引起的。想想孩子可能比平時吃更多糖的情況，通常是在生日聚會、慶祝活動或因表現良好而獲得獎勵。在所有這些情況下，能夠攝取更多糖的這項原因也可能導致較為興奮的行為。孩子之所以會變得很興奮，是因為他

---

5 可以參見：tylervigen.com/spurious-correlations。

們正在參加生日派對，而不是因為他們在聚會上吃的糖所造成的。

當然，這並不是在說攝取過多的糖是件好事。有很多原因讓我們得降低糖的攝取量，好比說，這會增加蛀牙，或是提高罹患糖尿病和心臟病的風險，凡此種種都是減糖的良好動機，但避免過動並不在其中。

就算不是糖本身，也可能是糖果中使用的色素——有時也有人指稱是這些添加物造成孩童過動，特別是當中的酒石黃（tartrazine），這種食用黃色色素也稱為 E102。光是它的編號中有個英文字母 E 就已經讓一些人存疑，但實際上這套以 E 為首的編號系統是歐盟的食品添加劑系統，包括所有好的和壞的添加劑。例如，E300 指的是維生素 C。

酒石黃曾廣泛用作食用色素，因為與許多天然色素相比，它既便宜又非常穩定。但因為曾經有一項研究發現，這種色素與兒童過動症有所關聯，而變得惡名昭彰。儘管目前酒石黃的使用已經大幅減少，但其他研究卻發現與過去那項研究相互矛盾的結果。然而，與糖攝取量的研究不同的是，目前沒有足夠的證據可以確定酒石黃與行為之間的關係。最好的證據顯示出，就算真的有影響，那也不僅僅是酒石黃單一個因素所造成。但總之，這種色素已經大量從食品工業中移除。

迷思 18

在中世紀，每個人都認為地球是平的

今日，大家普遍認為中世紀的人沒什麼科學知識。一般的說法是當時的人遭到宗教壓迫，普遍對科學毫無知悉，比方說他們認為地球是平的。但事實根本不是這麼一回事。在中世紀，大多數受過教育的人都知道地球是球形的，而且這一點早在古希臘就已經為人所知。

有兩項證據讓早期的觀察者認為地球是一個球體。一個是那些到世界不同地方旅行的人會在晚上看到星座出現在不同的位置，甚至還會看到完全不同的星星。另一個是在海上航行的人會注意到遠處的物體從地平線上升起，而且若是爬上桅杆，還會比甲板上的人更早看到目的地，所有這些跡象都暗示著地球表面是有曲度的。

英國修士羅傑・培根（Roger Bacon）在一二六七年寫的《大著作》（*Opus Majus*）這本書中就對此有很好的描述。在這部號稱永遠無法完結的百科全書中，他提出：「根據經驗，在桅杆上的人會比甲板上的人更快地看到港口。那是因為有某些東西阻礙了甲板上的人的視線嗎？但是除了龐大的水體外，那裡什麼也沒有。」

我們不能百分百的確定誰是發現這個現象的第一人。有段時間曾經說這是畢達哥拉斯（Pythagoras）的功勞，但歷史似乎有過度美譽畢達哥拉斯的傾向。不過，我們確實知道，柏拉圖在公元前四百年左右寫作時，這位哲學家就已經將地球比作一個球。而在公元前三世紀，另一位希臘哲學家埃拉托色尼（Eratosthenes）還嘗試測量過地球的周長，他利用正午時分在兩個不同位置觀察太陽的仰角，然後以幾何學的原理來繪製地球。他所估計出來的周長約是四萬兩千公里。這樣的計算結果還不太差，別忘了公里最原始的定義就是北極到赤道距離的萬分之一。

在詮釋中世紀人的想法時，可能會受到他們的地圖所困惑，當時他們所用的一些著名地圖其實並不是用來導航的，而是用來說明概念關係。例如，赫里福德大教堂（Hereford Cathedral）精美的《世界地圖》（*Mappa Mundi*），年代可追溯到一三〇〇年左右，它看起來就像是一張以耶路撒冷為中心的一片平坦大地，只是這幅地圖是為了彰顯這座城市作為精神中心所繪製的，而沒有要顯現地理關係的意圖。況且，當時尚未發展出素描和繪畫中的透視概念，也沒有將地圖準確投影到平面上的技術。

「中世紀民間相信愚蠢的地平說」的說法，其實是在十九世紀杜撰出來的，試圖彰顯出宗教的非理性層面。其中一個主要來源似乎是美國作家華

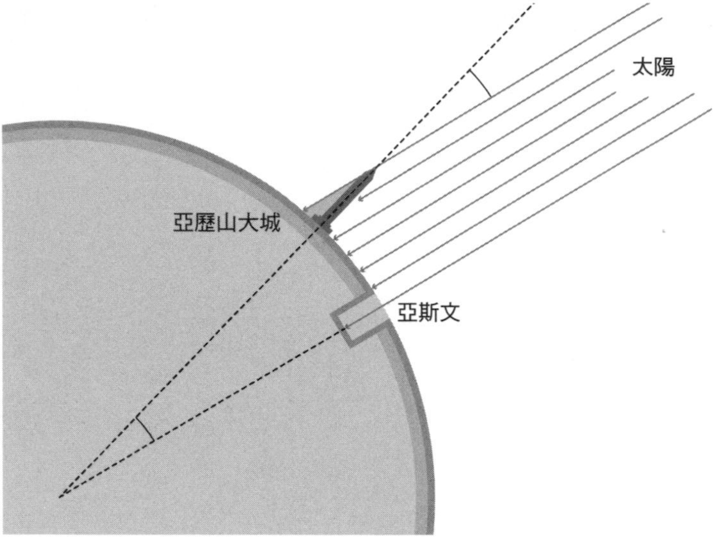

埃拉托色尼利用在兩個不同位置觀察到的太陽角度差異，來估計地球的圓周

盛頓・歐文（Washington Irving），他在一八二八年出版的《克里斯托弗・哥倫布的生活和航行史》（*A History of the Life and Voyages of Christopher Columbus*）這本書中曾提出這一說法。若這本書是部電視節目，那它應當算是一戲劇紀錄片，因為書中有大量虛構的內容，包括哥倫布與天主教會間關於地球為球形的虛構爭論，單純是用來增加節目的戲劇效果。

許多早期的科學史學家多少也促成了這類迷思，在接下來的幾年間，還是有人繼續捏造中世紀對科學無知的訊息。例如，美國史學家安德魯．迪克森．懷特（Andrew Dickson White），他在一八九六年的著作《基督教世界中科學與神學的戰爭史》（*A History of the Warfare of Science with Theology in Christendom*）中就煞有介事地談到這些，但這很明顯是出於反宗教情緒而非歷史證據。傳播這類迷思的人主要是擔心宗教裡的基本教義派會反對演化論，因此準備好使出各種招數加以應付，無論虛構與否。

或許最後我們應該反思一下約翰．多恩（John Donne）於一六三三年出版的《聖潔十四行詩之七》（*Holy Sonnet VII*）的開頭：「在這顆圓圓的地球上，想像一個角落……。」

迷思 19

玻璃是一種黏性液體

有時，之所以會產生科學迷思是因為想要以引人入勝的方式來呈現科學事實，希望能讓受眾感到震驚，結果最令人震驚的卻是當中的「事實」根本不是真的。其中一個例子就是稱玻璃是黏性液體，表示玻璃是一種流動非常緩慢的黏稠液體。

這項廣為接受的「事實」，在二十世紀時經常為人所提及。當然，這並不是說玻璃是種像水一樣容易流動的液體，很快就會流走，而是說它太過黏稠，需要幾個世紀的時間才能產生讓人可偵測到的流動。

雖然這理論乍聽之下就覺得不太可能，但會提出這樣一個理論是有原因的。若是從窗框中取出一塊中世紀的玻璃，會發現底部通常比頂部厚一點。就此看來，似乎可以合理地假設玻璃受到重力下拉。這個過程非常緩慢，要到數百年後才能觀察到。

然而，事實證明這完全是一場誤會，真正的原因來自另一個現象。玻璃工藝要到十九世紀才算是正式開始，在一九五〇年代皮爾金頓（Pilkington）以浮法玻璃工藝來生產時才達到一定規模，得以製造出具有均勻厚度的玻璃板，在此技術開發出來前，窗戶的玻璃都是小塊製造，很少能達到厚度一致的條件。當玻璃工將這些玻璃放入窗框時，總是將較厚的一端放在底部，因為這是最穩定的安裝方式。玻璃在這幾個世紀間並沒有往下流動，它一直都是這個樣子。

不可否認的是，玻璃與許多其他固體不同。固體與液體的差別在於它們的電磁鍵結將原子大致固定在同一位置上，儘管仍會振動。在許多固體中，這些鍵結會形成規則的圖案。這可以從晶體結構中看出，也適用於我們熟悉的寶石這類半透明晶體，以及看起來沒那麼優雅的固體，例如用作鉛筆芯的石墨。[6] 然而，玻璃是一種「非晶形」（anamorphous）的固體，它沒有規則

6 鉛筆芯其實是碳，不是鉛。之所以會出現這種混淆，是因為方鉛礦是一種閃亮的黑色晶體，看起來非常像天然的石墨晶體。

的內部結構，原子是以隨機混合的方式連接。

這種非晶形結構往往在液體快速冷卻時形成，在大自然中會出現在溫度迅速下降的熔岩中。我們在日常生活中用到的大多數玻璃，都是以二氧化矽為主原料所變化出來的，二氧化矽（silica，或稱 silicon dioxide），是自然界中極為常見的化合物，主要是以石英的形式存在，是沙子中比例最大的成分。

雖然玻璃並不是黏稠的液體，不過確實有些物質是流動非常緩慢的液體，其中最為人所熟悉的就是瀝青或瀝青的稠油衍生物，也就是柏油路中的黑色物質。有一項著名的實驗就是使用這種物質，這是於一九二七年在澳洲昆士蘭大學開始的，目前仍在進行中。實驗裝置用了一個裝滿瀝青的玻璃漏斗，懸掛在一個燒杯上方，最後再以一個玻璃圓頂罩住。在實驗進行期間，漏斗中只掉落了九滴，最後一次（在撰寫本文時）是在二〇一四年四月；第十滴預計會在二〇二〇年代末期左右的某個時候落下。

如果不想無聊地等待，這所大學提供了一個實況轉播的網站，可以在www.thetenthwatch.com上關注瀝青滴落實驗。

迷思 20

目前活在地球的人口，比以往加總起來的數量還要多

有一個長期流傳的「事實」，至少可以追溯到一九七〇年代，而且至今仍為人津津樂道，那就是目前活在地球的人比以往加總起來的數量還要多。世界人口的規模肯定很容易讓人震驚，在撰寫本文時，全球總人數約為七十八億。這數字大到難以讓人真正理解的地步，如果你開始一個一個的計算，每秒打一個勾，需要花上兩百四十七年才能數完所有人（到那時你開始數的那批人都已經去世了）。

毫無疑問，地球人口確實大幅激增。正如在迷思 8 中檢視的那些數據，

在十九世紀初，地球上大約有十億人，等到一九二〇年代才達到二十億。在一九六〇年我們則達到三十億，等到四十年後的二〇〇〇年，這數字又倍增了。如果人口繼續以這種速度成長，那麼人類的數量將變得非常龐大，我們將耗盡所有資源。但實際上，值得慶幸的是，人口成長的腳步正在減慢。據估計，如果照目前的趨勢繼續下去，人口將在本世紀末之前穩定，介於一百至一百二十億之間，之後就不會再下降。

由於成長的速度非常快，很容易想像過去的人口要比現在少很多，因此現在的總人口可能會超過史上所有的死者總數。但如果從整體人口規模來看，並非如此。當然，現在確實可以說某些類群的總數比以往任何時候都多，科學家就是一個例子，據估計，截至目前為止的所有科學家，約有九十％目前與我們同在。現在成為科學家的人數比歷史上任何一個時候都多。但是當我們考慮整個人口的規模時，情況就不同了。

請記住，智人這個物種可能已經存在有三十萬年。最初，人口相對較少。自從人類演化以來，地球氣候也發生過巨變，存活的人口總數直線下降，曾經可能只剩下幾千人。但即便如此，據估計，自智人這個物種首次出現以來，已有約一千兩百億人生活在這片大地上。

當然，這是美國的非營利組織人口參考局（**Population Reference Bureau**）所做的估計（他們實際上得出的數字是一千一百七十億，但在我看來，就一個猜測數值而言，這似乎太過精確）。即使這個數字有點高估，也很難將曾經活在地球上的人類總數降低到一百五十六億之下。這是我們將目前的七十八億和之前所有的人類總數的較小估計值加在一起，所能得到的最大值。

迷思 21

艾達·洛夫萊斯是史上第一位程式設計師

近年來科技史的一大進步，是開始認可過去遭到忽視但卻有許多貢獻的女性。其中一位指標人物便是艾達·洛夫萊斯（Ada Lovelace）。她是聲名狼藉的詩人拜倫勳爵（Lord Byron）和他的妻子安妮·伊莎貝拉·拜倫（Anne Isabella Byron）的獨生女，原名是奧古斯特·艾達·拜倫（August Ada Byron）。從小就對數學有濃厚的興趣（經常有人稱艾達為數學家，但她比較算是一個有天賦的業餘愛好者，這在當時的貴族中很常見，許多人都對科學或數學感興趣），她接受的數學教育差不多有大學程度，也持續關注數學的發展，但她從未在這領域工作過。

一八三五年，她嫁給當時的威廉．金恩勳爵（Lord William King）。婚後不久，由於洛夫萊斯家族的貴族血統，金恩繼承了洛夫萊斯伯爵的頭銜，艾達因此成為洛夫萊斯伯爵夫人（Ada King, Countess of Lovelace），這個名號也是大眾比較熟悉的（在英文中，較令人困惑的是，伯爵〔earl〕的妻子，依舊沿用法文中的稱號，拼作countess；因為法文中的伯爵頭銜是Count）。但是英格蘭的諾曼人保留了盎格魯撒克遜人的伯爵頭銜Eorl，後來拼寫為Earl，而不是採用法文頭銜，這可能是為了避免使用被征服的盎格魯撒克遜人的粗鄙用語。

洛夫萊斯與查爾斯．巴貝奇（Charles Babbage）是密友，後者發明了兩台機械式的計算機，但並沒有在他們的有生之年完成。巴貝奇的差分機（Difference Engine）是一台複雜的機械式計算器，倫敦的科學博物館在

一九九〇年代打造出它的運作模型。不過讓現代人更感興趣的是巴貝奇的分析引擎（Analytical Engine），這比差分機更接近一台機械式的可編程計算機。然而，目前認為在當時是不可能建造出這樣一台分析引擎，因為在那個時代還無法達到它所需的精密工藝製程。

洛夫萊斯與巴貝奇是多年好友，據說在她嫁給金恩之前曾和巴貝奇有過一段戀情，然而巴貝奇的社會地位不夠高，無法與他論及婚嫁。不過兩人肯定討論過分析引擎，而洛夫萊斯後來又將一篇關於這項設備的法文論文翻譯成英文。這是由一位名不見經傳的義大利軍事工程師路易吉・費德里科・梅納布雷亞（Luigi Federico Menabrea）所寫，他後來成為義大利總理，而變得名聲大噪。梅納布雷亞的這篇論文是根據巴貝奇在都靈所做的一系列演講而寫，而洛夫萊斯也不僅是翻譯而已，她的英文版內容是原文的三倍長，添加了一系列關於引擎用途的推測以及相關的示例。

洛夫萊斯日後獲得第一位程式設計師的封號，正是來因為她所添加的這些示例，但是這帶來兩個問題。首先，那篇文章描述的是演算法而不是程式。演算法是執行任務的一組詳細指令，具有多種使用方式，其中之一是構成計算機程式的基礎。在實際操作上，程式要將演算法轉換為輸入計算機所需的特定指令格式。更重要的是，即使在檔案程式中可以調用那些示例，將它們寫出來也不會讓洛夫萊斯成為第一個程式設計師。那篇論文中含有一些巴貝奇在講座中詳細介紹的演算法，是多年前他研發出來的。在洛夫萊斯的筆記中，只有一個演算法是她原創的。

說明這些並不是要破壞洛夫萊斯在傳播這項（尚未建造出來的）科技及其潛力的角色，而是試圖將我們從頌揚歷史女性榜樣的一頭熱中冷靜下來，不能為此就扭曲現實。毫無疑問，是巴貝奇，而不是洛夫萊斯，率先開發出這些演算法，而且嚴謹一點來說，這些也不能算是程式。史上的第一個真正的程式設計師，還要再等上幾十年才會登場。

迷思 22

蝙蝠是瞎子

在英文中常會用像蝙蝠一樣盲目來形容視力不佳，或是無法理解明擺在眼前的事實的人，但這句諺語其實來自人對蝙蝠的誤解和混淆。

蝙蝠並非沒有視覺。牠們看到的是我們的視力難以窺探的環境。蝙蝠之所以被認為視力不佳，可能是因為牠們的飛行路線看似不大穩定。但蝙蝠在飛行途中能迅速改變方向反而展現出牠們卓越的控制力，並且清楚意識到自己所在的位置。

事實上，蝙蝠並不像其他捕捉飛蟲的食肉動物那樣依賴視力，因為牠們具有驚人的迴聲定位能力。這項天賦雖然是利用聲音，但與聽覺截然不同。蝙蝠以迴聲定位來建構周圍環境的圖像，牠們發出快速而高音調的咔嗒聲，大腦在接收到從外界物體上反彈回來的音波後，由此建構出圖像。

蝙蝠透過迴聲定位來體驗周圍世界，這非但不像失明者受到的感官限制，反而在牠們的感知中融入一種全新的感覺。

當一隻蝙蝠會有什麼樣的感覺？蝙蝠又能感知到什麼？美國哲學家托馬斯．內格爾（Thomas Nagel）在一九七四年一篇題為〈當一隻蝙蝠是什麼感覺？〉的論文中思考了這個問題。內格爾試圖探索意識的本質，這主題無論是由哲學家還是神經科學家來研究都頗令人擔憂。比方說，他提出，如果一隻蝙蝠具有自我意識，那麼牠就會體驗到當一隻蝙蝠的感覺。但是我們不是蝙蝠，因此永遠無法真正理解牠們的體驗。我們僅能夠思考體驗到迴聲定位的人會有什麼樣的感受，而不是當一隻蝙蝠的感受。

至少我們現在知道迴聲定位是如何運作的。蝙蝠會發出一系列非常高頻的咔噠聲，人耳可以聽到的聲音頻率大約是在二十到兩萬赫茲（hertz，簡寫為Hz，是指聲波在一秒鐘內經過的完整周期數）的範圍內，但蝙蝠可以發出超過十萬赫茲的聲音，而且牠們發出的大部分迴聲定位音波都超過我們的聽覺範圍。

聽覺突出的蝙蝠會接收從周圍物體彈回的咔噠聲以及反射的聲音，將接收到的訊號強度以及每隻耳朵接收訊號的時間和強度差異結合起來，牠們就能夠在腦海中描繪出周圍環境的圖像。

這就是環繞著人類感官所建立的語言力有未逮之處。這裡我以蝙蝠建構出的圖像來形容牠們的感官，但圖像意味著視覺的使用。同樣的，雖然我們都知道蝙蝠用的是時間和強度，但我們不應該用聲納這類東西來衡量與想像這些「圖像」。蝙蝠可不會坐在電腦前計算出牠所接收到的讀數的含義，牠

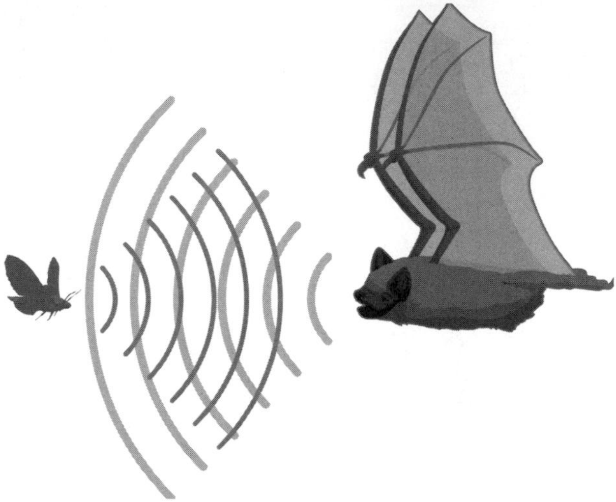

就只是透過迴聲定位來感知周圍環境。

正如內格爾所說，雖然我們無從得知當蝙蝠的感受，但我們可以從對視覺的理解來想像在牠腦中發生的事。我們看世界的方式並不像照相機那樣會捕捉完整的畫面，而是透過眼睛中的感應器，將整個範圍內的形狀、邊緣、強度和顏色的差異輸入到大腦中，並將這些元素組裝成一個人工結構，以此解釋我們看到的世界。那麼，我們可以想像，蝙蝠也會經歷一個類似的建構，只是提供牠世界「觀點」的訊號是來自於迴聲定位。

別再瞎說了，蝙蝠一點也不瞎。

迷思 23

彩虹有七種顏色

有個科學問題，不論是問小學生還是大人，都會得到相同的答案，那就是：「彩虹有幾種顏色？」通常會得到脫口而出「七」這個答案。我們當中有許多人甚至還學過特殊的背誦法來記住這七種顏色，在英國是用歷史悠久的「約克的理查無功而返（**Richard Of York Gave Battle In Vain**）」——每個英文單字的首字母就是英文紅橙黃綠藍靛紫（red, orange, yellow, green, blue, indigo, violet）來協助記憶。在美國則是用更為簡短的人名：洛伊．畢夫（Roy G. Biv），整個名字就是顏色的英文首字母拼寫而成。

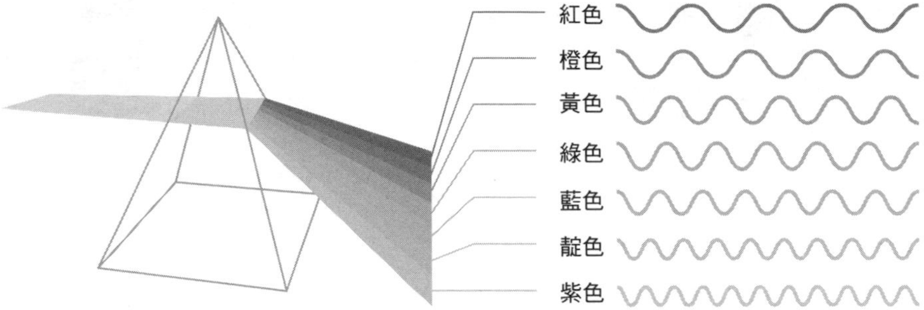

然而只需要稍加思索，就會明白這七種顏色其實與現實不符。看看真正的彩虹，有時可能只會看到五六種不同的顏色，最後三個藍靛紫通常很難區分開來。而實際存在的顏色遠遠超過七種，正如任何顏料表所展現的。

之所以會出現七這個數字，始作俑者是我們傑出的艾薩克·牛頓（Isaac Newton）。儘管看到他的大名時，第一個想到的是運動定律和萬有引力（還有蘋果），但牛頓在光和顏色方面也做了相當多的研究工作，是最初開始意識到太陽的白光是由混合的彩色光所組成的其中一個人。至於牛頓是如何得出七種顏色的結論目前還很難確定，有人強烈懷疑這與音樂有關。

音符分為八度，有七個音符（A、B、C、D、E、F、G），這樣一組每八度循環一次，輪回第一個音。科學家常常熱衷於尋找自然法則間的相似處，據信牛頓認為應該有七種顏色來對應於這七個關鍵音符。

有趣的是，要是牛頓出生在早一百年的時代，就不會選出這樣的組合，因為那時候還沒有橙色這種顏色。橙色來自水果的名稱，而不是顏色，我們所說的橙色最初只是被認為是紅色的陰影。這就是為何至今依舊會將自然界中顯然是橙色的某些顏色描述為紅色，例如，紅鳶的羽毛，或知更鳥的胸部。

顏色的本質與我們觀測它的方式密不可分。彩虹的那些顏色代表構成白光的顏色範圍，但彩虹並不包括所有顏色。比方說，在當中我們就找不到棕色或洋紅色。要解釋這問題，首先需要討論顏色是什麼。它究竟是一物體本身所具有的特質，還是由觀察者的感知所決定？我們認知到的物體顏色來自於它不吸收的光的顏色，而這造成了相當的混淆。

沒有光，顏色的概念就毫無意義。光的顏色是由構成光的光子的能量所決定，若是將光當作一種波，也可以將其視為波長或頻率。能量高（波長短／頻率高）的光位於光譜的藍色端，當我們移動到紅色端時，能量會降低。

可見光的任何一種顏色都可以由三種原色組成：紅、綠、藍。當你看手機螢幕或電視時，構成圖片的每個小點（像素）都有紅色、綠色和藍色這三種成分，它們以不同的強度組合構成一種顏色。大多數的現代設備對三種原色中的每一種都有兩百五十六種色調，因此提供了大約一千六百八十萬種的色調（牛頓，我們比你強多了！）。

然而在讀國中時，學校卻教導我們三原色是紅色、黃色和藍色。綠色是怎麼變成黃色的？這跟上面提到的「不吸收」有點關係。假設我們正在看一顆紅蘋果，白光中包含了所有的顏色，蘋果吸收了大部分的光，只有將紅光反射回來。這意味著我們在畫蘋果時需要為混合的顏料是原色的反色，這些稱為二次色（secondary colours），也算是恰如其名。這些是洋紅色（magenta）、黃色（yellow）和青色（cyan）。

我們就快要進入重點了。洋紅色、黃色和青色可能看來很熟悉，會在印表機彩色墨水盒的標籤上看到，但在過去的某個時候，似乎有人覺得這些名詞對孩子們來說太困難。於是洋紅色變成紅色，青色變成藍色，即使它們顯然是不同的顏色。

迷思 24

人死後頭髮和指甲還會繼續生長

這個想法聽來有點令人毛骨悚然，而且經常出現在經典的恐怖電影中。在恐怖的音樂來到高潮之際，打開了一口古老的棺材。裡面乾涸的遺骸披著一頭散亂的長髮，還長著巨大而捲曲的指甲，因為我們都知道頭髮和指甲在死後還會繼續生長。我們之所以會這樣想，不僅是因為看過誇張的電影。在一九二九年出版的《西線無戰事》（*All Quiet on the Western Front*）一書中，作者埃里希・瑪麗亞・雷馬克（Erich Maria Remarque）的主角提到了他已故朋友，說她的指甲在死後長成像開瓶器那樣奇怪的形狀。實際上，絕對不會有這種事發生。

在我們活著的時候，頭髮以每月大約十到十五公釐的速度生長。指甲的發育速度較慢，但一個月內仍能長出三、四公釐。

頭髮和指甲（我們這裡說的也適用於腳趾甲，但不知為何沒有人關注它們在死後的生長情形）其實是相同物質的不同變化形式，只是頭髮的結構顯然比指甲的結構更有彈性。兩者的核心物質是一種叫做 α- 角蛋白（alpha-keratin）的蛋白質。這種多用途物質也存在於皮膚外層，具有防磨損和防寒的保護作用，而在指甲和爪子等剛性結構中，還具有抓握或撕裂的能力。

我們在談頭髮和指甲的生長時，講得好像是植物或其他生物一樣，但它們其實比較接近一塊塑膠或一滴唾液，都不具有生命力。最好將它們視為一種擠出物，是由底部位於皮膚凹陷處的活細胞所產生的構造，並且不斷被推擠出來。頭髮和指甲都是死去的細胞，這就是為什麼那些標榜能夠滋養你的

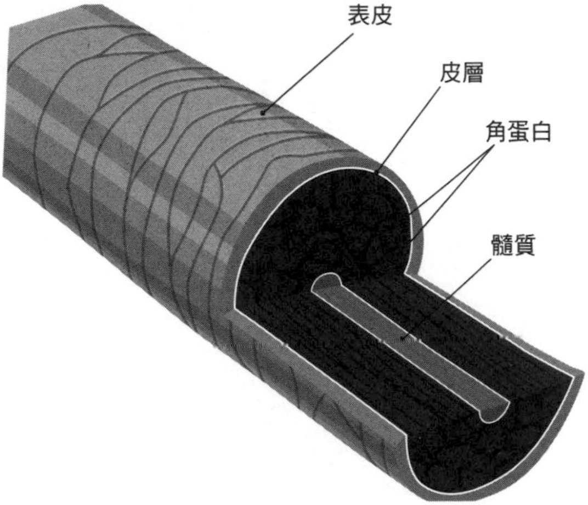

頭髮的商品廣告都是在胡說八道，沒有生命的東西是無法滋養的。

不過你可以滋養活細胞，比如說你的髮根細胞，它們需要能量來完成工作，以擠壓出那些堅韌的結構。通常，這種能量是由糖、葡萄糖與氧氣發生燃燒反應所產生的。人一旦死亡，身體就不再提供能量，頭髮和指甲也會停止生長。不是所有的細胞在死後都以同樣的速度停止運作，皮膚和毛髮細胞的存活時間確實比腦細胞更長，但在幾個小時內它們也會踏上不歸路。那麼，這種死後繼續生長的普遍想法到底是從哪裡出現的？讓我們回到恐怖片。

的確，人在死後頭髮和指甲看起來確實會比埋葬屍體時更長。但這是一個相對運動的問題，身體並沒有推擠出新的頭髮和指甲，而是周圍的皮膚和軟組織開始脫水時會收縮。頭髮和指甲與我們身體的成分不同，體內的細胞含有大量水分，這些水分會在我們死後逐漸流失，最後導致頭髮和指甲在一段時間後看起來比死時更長。

但這並不能解釋在恐怖電影中棺材打開時的那種駭人的大幅變長，別擔心，這只是視覺效果設計師在戲劇效果中的發揮，真正屍體上的指甲不會產生那樣戲劇性的畫面。

迷思

25

氧含量低的人體血液呈藍色

看看你手腕背面的靜脈，它們顯然是藍色的。基於歷史原因（稍後會詳細說明），也有人會形容貴族「藍血」。然而，從來沒有人流出藍色的血：每次都是紅色的。不過並非所有物種都是如此。蜘蛛這類蛛形綱動物，以及許多大甲殼類和頭足類，如魷魚和章魚，[7] 確實有藍血。這是因為這些動物不是使用血紅蛋白來攜帶氧氣，而是使用一種稱為「血藍蛋白」（haemocyanin）的化學物質。但是人類的血液肯定永遠是紅色的，雖然它的深淺有所不同（見迷思14中關於血液的鐵的討論），在含氧量高的動脈中呈鮮紅色，含氧低的

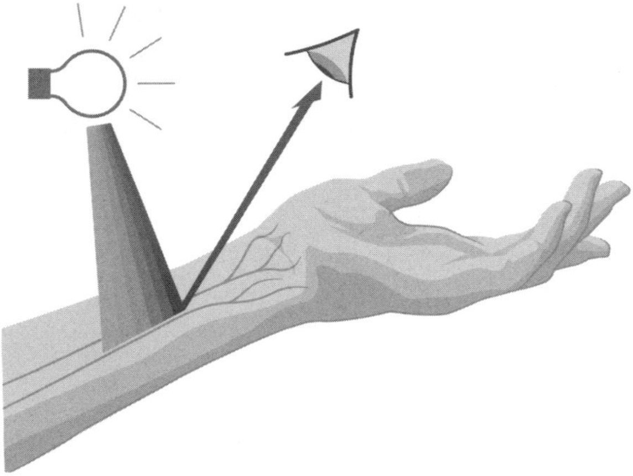

則呈深紅色，就像在靜脈中一樣。

那麼，接下來我們就只剩下藍色血管和藍血貴族的謎題了。也許這當中令人驚訝的是，我們的血管呈藍色的原因竟然與天空呈藍色的原因相同。每天來自太陽的日光是白色的，這是由彩虹中的顏色混合而成。有些物質，例如空氣，還有皮膚，都會散射光線。這意味這種材料中的原子會吸收光子，然後以不同的方向重新發射出去。不過散射是由顏色決定的。

與散射有關的原子主要是在光譜藍色端的那些能量較高、波長較短的光，那些能量較低、波長較長的紅光則毫不受影響地通過。因此，太陽光中的藍光部分就會散布在天空中。在你身體的某些部位，比如你的手臂也會發生散射，而且這個過程更為複雜，在沒有靜脈的地方，藍光和紅光通常都會從你的手臂反射回來，形成相當自然的膚色反射。但在有靜脈的地方，紅光會繼續穿過無色的靜脈壁，然後被血液中的血紅蛋白吸收。但是藍光在到達靜脈前就會發生散射，不會被吸收，因此從靜脈返回的光主要是藍色的。

那藍血貴族又是怎麼一回事呢？從生物學上來講，貴族和其他人之間幾乎沒有什麼區別；若是從歷史上來看，貴族往往比普通民眾有更多的遺傳缺

7 請注意在英文中，章魚（octopus）的複數不是 octopi，雖然在傳統上拉丁文的複數形都是這樣拼寫。正如愛德華七世時代的英文權威亨利．福勒（Henry Fowler）所言，octopodes（嚴格上正確的複數型）這種拼法是迂腐的，但 octopi 則是完全錯誤的。在寫複數型的章魚英文時，請堅持正確的選擇。

陷。這是因為他們只與其他貴族通婚，所以基因庫很小，這意味著在他們之間繼承到遺傳問題的機率比一般人高。然而，他們通常確實享受一些環境差異。

貴族階層的飲食更加全面，因此不易患壞血病等飲食性疾病，他們也避免陽光照射。這並不是說貴族中有成為吸血鬼的傾向，純粹只是在歐洲貴族中，皮膚蒼白被認為是社會地位的標誌，這是討厭曬黑的心態所造成的結果。歷史上，大多數下層階級都在戶外工作，因此被曬黑是地位卑微的標誌。貴族避免工作，並以蒼白的皮膚來彰顯這一點。皮膚越白，青筋越明顯。曬黑的皮膚在光到達靜脈前就會重新散發出更多的紅色。所以，藍血歐洲人指的是那些沒曬黑的人。

迷思 26

有機食品更有益健康

「有機」一詞在今日所代表的含義，已超出它所能夠準確承載的範圍。我們多半都認為有機食品是健康、新鮮而美味的。但是在行銷人員接管科學用語後，我們必須小心一點，就像「有機」這個例子。基本上，所有的食物都是有機的（organic），這個詞是用來指以碳為基礎的化合物。但在食品中，貼上有機的標籤後，就表示這是按照特定方式來生產的食品。就這一層意義來講，有機養殖或栽種會對生產食物的環境產生影響（有好也有壞），但很難說這是否會增加食物在健康方面上的效益。

多年前，我採訪了海倫．布朗寧（Helen Browning），當時她是英國主要有機機構「土壤協會」（Soil Association）的負責人。她是一名養豬戶，她對我說，她對有機培根做出的唯一健康聲明是，這比一袋甜甜圈對你的身體好。事實上，正如她坦承不諱所指出的，就營養價值來說，有機食品和非有機食品之間其實沒什麼差異。

那麼，有機食品和非有機食品到底有什麼區別？憤世嫉俗的人會嘲諷地說是「價格」。確實，零售商會使用有機標籤來測試消費者對有機食品價格的忍受度，但這兩者間還是存在有一些真正的區別。有機農場的動物福利往往比工廠式農場來得好，不過有機飼養和自由放養的動物，在福利層面上並沒有區別。有機飼養也可能對動物不利，因為在順勢療法（homeopathy）這類非科學的替代醫學中，往往會使用有機飼養的動物身體。

另一個很大的區別是有機栽種的標準，當中有規定只能使用天然化學物質當作肥料和農藥。這對土地可能是有益的，儘管它也導致原本應當禁用的危險化學物質繼續為人使用，像是硫酸銅這類傳統殺菌劑。不過在談到健康時，有機支持者有時會特別強調這與殺蟲劑之間的關係。

在二〇〇一年，土壤協會的一位代表在英國的《衛報》（*The Guardian*）上寫道：「你可以改吃有機食品，或是準備好每吃三口就會吃到毒素。你願意嗎？」這種有機食品對人體較好的主張不論是在當時，還是今日仍然經常聽到，主要的論據就是有機食物殘留的農藥更少。然而，這是一種誤解。事實上，你吃下肚的每一口都含有毒物。這是因為植物一直在與傷害它們的昆蟲和動物爭鬥，因此幾乎全都會產生天然的殺蟲劑和毒藥。然後又被我們吃下肚。

這些毒素是否「天然」並不會造成差別。比方說，蓖麻毒素和肉毒桿菌毒素這兩種最致命的毒素都是天然的。與這些天然毒藥相比，殺蟲劑殘留對食用它們的人類來說，效果要小得多，因為你可以將殘留物洗掉，但內在的毒素是洗不掉的。但這並不構成停止吃蔬果的理由。

如果攝取量不正確，幾乎所有東西都是有毒的，連水也不例外。而且食物中存在的毒物和致癌物的數量相對較低。天然毒物比農藥殘留要來得多，即使是在未清洗的非有機食物上，不過就算是這樣，毒素的含量其實很低。在酒精和咖啡中也發現有幾種致癌性物質，但當中的含量也相對較低。儘管如此，一杯咖啡所含的致癌物質比一整年食用殘留有農用化學品的食物還要多。所以，如果你堅持一定要吃有機食品也無所謂，但不要期望因此而變得更健康。

迷思 27

人的腦細胞數量在出生時就已經決定

體內大部分的細胞都會定期更換。有些比其他的持續時間更長，胃壁上的細胞只能存活幾天，而紅血球則可以存活幾個月；骨骼則不出意料地特別持久，大約十年才會更新。但長期以來則認為腦細胞是當中的例外，大家普遍相信人一出生就有一定數量的腦細胞，那些就是一個人一生所能擁有的全部了，接下來只會隨著細胞死亡而減少。因此，隨著年齡增長，大腦會逐漸失去其功能。

總體來看，體內細胞發生的一切依舊令人驚嘆。除了少數例外，曾經的「你」，或是說二十歲的你和三十歲的你，會是完全不同的人。這讓人想起古代的哲學思想實驗「鐵修斯之船」（the ship of Theseus），這可以追溯到赫拉克利特和柏拉圖的時代，不過在十七世紀的哲學家托馬斯・霍布斯（Thomas Hobbes）和約翰・洛克（John Locke）又提出了更新的版本。最初的想法是假定鐵修斯的船上有許多木材都在腐爛，因此他得逐步更換船上的木材，那麼等到所有的木頭都換過後，這還算是原來的那艘船嗎？若是只有留下一塊原來的木頭，又是如何呢？

霍布斯繼續發展這個難題，將其提升到另一個層次。想像一下，長時間下來，將這些拆除下來的零件重新組裝成第二艘（相當破舊的）船。那麼，哪艘船算是原來的船？是那艘更換大量零件的？還是用廢棄零件組裝的？會是在什麼時候我們會認為重新組裝的那艘船算是原來的那艘？

同樣的推論也可套用在人身上。若是身體部位幾乎隨時都在更換，那麼一個人似乎有可能在某個時候變成另一個人。不過，具體來說，我們對人的身份認定有偏重精神多於身體的傾向。那麼，這樣說來，一個失去記憶或者腦部退化的人，是不是就不是原來的那個人了呢？

這些問題都沒有簡單的答案，比較適合在哲學領域中討論，而不是科學領域。然而，如果我們確實考慮構成一個人的身份特徵主要是在大腦，那麼，如果說腦細胞沒有發生更新替換，就顯得很有意思而且十分呼應上述主張。然而，現代研究顯示並不是這麼一回事，腦細胞的替換和更新比最初設想的要來得多。

長時間下來，大腦中的某些部分確實會逐漸更換細胞。就拿海馬迴來說，這是大腦中一個特別重要的部分，與我們的自我意識有關，因為它負責處理記憶。嚴格來說，我們的大腦中有兩個部位負責這件事，兩側各一個。海馬迴應該是外型像海馬而得名，不過必須要發揮一下想像力才能看出來。海馬

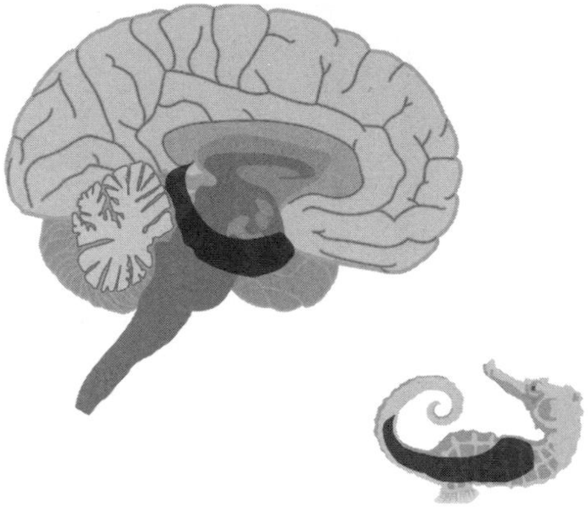

迴的主要工作是將資訊從短期記憶轉移到長期記憶，要是少了長期記憶，我們就會失去很多的自我。

海馬迴的結構會持續發展，也會定期更換細胞，大腦中處理嗅覺的嗅球（olfactory bulb）也是。同樣的，我們現在得知大腦中的某些部分會在年輕時獲得額外的細胞，所以人絕對不會生來就擁有這輩子所有的腦細胞。

要判斷腦細胞是否正在替換並非易事。科學家不可能隨便打開某人的頭來進行檢查。沒想到過去核彈爆炸的餘波反倒是在這方面提供了一些線索。這些爆炸將碳的放射性同位素碳十四釋放到大氣中（碳十四是用於放射性碳定年的同位素）。自從停止核彈測試以來，大氣中這種同位素的含量一直在下降。當細胞形成時，其碳含量會反映出混合在當時大氣中的碳十四含量，由此可以一窺細胞是如何替換的。

有趣的是，與其他哺乳動物相比，成年人體產生新的腦細胞，或稱為神經發生（neurogenesis）的方式很不一樣。具體來說，人類的神經發生在紋狀體（striatum），這是大腦負責處理運動行為並且對刺激產生反應的部分。有人認為紋狀體在我們的「認知靈活度」上扮演重要角色，讓人得以適應不同環境和情況。

迷思

28

旅鼠會集體自殺

在早期推出電動遊戲時，有個名叫《百戰小旅鼠》（*Lemmings*）的遊戲，這或許是許多人的最愛，當中有一排不斷移動的小旅鼠，必須阻止牠們在各種關卡中墜落而死。我們會將旅鼠與一種從懸崖上跳下的傾向聯結起來，這好似由某種集體性的歇斯底里所引發，或是像綿羊一樣追隨領頭羊的那種心態所驅使。在我們的腦海中，這個想法根深蒂固，因此在英文裡有「像旅鼠一樣」（acting like a lemming）的說法，用來形容某人無意間將自己涉入險境。然而，旅鼠實際上並沒有集體自殺的習慣，這個迷思想法的起源也特別離奇。

旅鼠是一種體長約十五公分的小型囓齒動物，看起來像是老鼠和豚鼠的雜交種。牠們生活在歐洲寒冷的北部地區，以大地上的植被為生。旅鼠和大多數小型囓齒動物間有一個明顯的區別，牠們對獵物具有異常的攻擊性，不僅會攻擊牠們的天敵，甚至還包括人類。攻擊就是牠們的防身之道。

旅鼠的族群數量也會出現大幅波動，通常持續四年。有時，族群量下降到危險的地步；但在其他時候，當族群量激增時，旅鼠就會大舉搬遷，從一個地區湧出，尋找新的居住地。

正是因為這種尋找新食物來源的大規模遷徙，再加上會出現不明原因的族群量突然下降的現象，可能導致有人誤會旅鼠有跳崖的習慣，不過若是將這個想法與關於旅鼠起源的最早推論放在一起，似乎就沒有那麼奇怪了。根據一位十六世紀的地理學家的說法，牠們跟冰雹差不多，會在暴風雨的天氣中像雨一樣落下。

旅鼠確實有很強的遷徙衝動，但是牠們沒有跳崖的習慣，這些嚙齒動物只是會嘗試穿過水體，但有時在途中會有許多個體溺水，因此有人將其解釋成一股自我毀滅的衝動。《大眾科學》（*Popular Science*）雜誌在一八七七年對這一理論進行了一番推敲，作者杜帕．克羅契（W. Duppa Crotch）在文中提出一個觀點，指出旅鼠試圖遷徙到現已消失在海中的一塊陸地。不過，真正在大眾腦海中留下旅鼠會自我毀滅的根深蒂固印象的，則是迪士尼紀錄片的製作者。

在一九五〇年代，迪士尼製作了多部廣受歡迎的野生動物紀錄片，包括一九五八年的《白色荒野》（*White Wilderness*）。宣傳海報上寫著：「來自世界之巔……在刺激的娛樂中展開一場精彩的新冒險。」請注意它的用字：這部影片主要是在娛樂觀眾、講述有趣的故事，以動物當作角色，而不是要呈現正確的自然史。除了一定會講的北極熊和馴鹿的生活外，這部紀錄片還講述了旅鼠的故事。

這些影片採用擬人化的手法來呈現動物的行為，旁白將牠們描述為好像有著跟人類一樣的動機。而在《白色荒野》中，有一段就是以旅鼠為主角，牠們看上去顯然就是從懸崖跳入海中。這裡必須公允地對待製作團隊，旁白確實暗示這是牠們在遷徙而不是自殺，只是旅鼠誤將海洋當成是可以游過的湖泊，但這些戲劇性的視覺意象多少對牠們會自殺的迷思產生推波助瀾的效果。日後對此影片的調查顯示那個場景是偽造的，似乎是在卡爾加里附近的一條河流上所拍攝，而不是在北冰洋的邊緣。而且有人認為，與其說那群旅鼠是在跳水，倒不如說牠們是被推下去的。

迷思 29

鐵氟龍和魔鬼氈是太空計畫的衍生產品

太空旅行是一項昂貴的活動，因此很難找到理由來向納稅人交代為何要投入大量資金在這上面，特別是載人飛行的任務，因為此舉並不會產生多少科學和實質效益，主要只是宣傳和頌揚人類開拓新領域的想法。亞馬遜億萬富翁傑夫・貝佐斯（Jeff Bezos）在二〇二一年前去太空邊緣的短暫之旅就因浪費錢而受到廣泛批評，這筆開銷還不是由納稅人支付的。

正因為如此，美國太空總署（NASA）和其他的太空管理單位，並不吝於提出這些太空計畫衍生出許多產品的優點。基本上，他們的說詞是太空飛行的需求超過目前的可能性，因此，在嘗試解決面臨到的種種問題時，太空科學家和工程師便會設計出許多令人興奮的新科技，這些技術多年來也一直在造福地球上的我們。

其中一些說法來自美國太空總署本身。例如，記憶枕（memory foam）就是根據太空總署的合約所開發出來的，這點毫無疑義。不過，為了要強調這對我們的日常生活也很有助益，美國太空總署還強調，要不是因為太空船需要安裝輕巧密實的電腦，就不會有個人電腦的存在。事實上，太空總署的電腦規格都是極其昂貴的訂製設備，與個人電腦毫無相似之處，反而是為交通燈號控制器所開發的廉價芯片處理器和其他類似的商業發展，這些才是為個人電腦大規模生產鋪路的關鍵。

至於其他產品與太空總署的聯結則是子虛烏有的（儘管該機構往往不會特別加以否認）。其中兩個經典的例子就是不沾材料鐵氟龍和容易撕黏的魔鬼氈。這兩項發明確實都有在太空中使用，但這些早在太空總署之前就問世了，這個單位是在一九五八年才正式成立。鐵氟龍（Teflon）是聚四氟乙烯（polytetrafluoroethylene，PTFE）的商標名稱。這個很棒的材料是由美國工程師喬治．普朗克特（George Plunkett）於一九三八年偶然開發出來的。

普朗克特在從事製冷氣體的研究時，經常得擔心四氟乙烯氣體鋼瓶的安全性。有一次他在打開閥門時，卻什麼也沒有流出來，不過就鋼瓶的重量來判斷，瓶內應該不會是空的。由於這種氣體可能會爆炸，於是他在防爆盾後嘗試切開鋼瓶，結果在裡面找到了一個很滑的白色物質。氣體在鐵質容器的催化下已經聚合，形成了聚四氟乙烯的長鏈分子。最初，聚四氟乙烯主要當作管道工人用來密封閥門和接頭的材料，之後也用在太空工程中，不過後來有一位法國工程師馬克．格雷瓜爾（Marc Gregoire）受到他妻子的啟發，發現能夠使用聚四氟乙烯來避免食物黏在她的平底鍋上的方法。一九五六年，

他開始生產特福（Tefal）這個品牌的不沾鍋具。

同時，在普朗克特的發現不久後，瑞士工程師喬治・德曼斯特哈（George de Mestral）在外出散步時也有了一個靈感。他穿過一片長著毛刺的牛蒡田地，這種植物演化出能夠黏附在動物毛皮上的種子莢，以此來傳播種子，而這也會黏在衣服上（見圖）。德曼斯特哈注意到，這種毛刺是靠著尖頭末端的小鉤鉤來勾住路過動物的毛髮，這樣的構造是個很好用的緊固物件，還能夠快速釋放。這項產品的發展非常快，在十多年後，魔鬼氈於一九五五年獲得專利，不過又要再等上十年才開始了商業生產，找到廣泛的應用，包括太空工程。

最有趣的是，還會有人以這些產品來暗諷太空總署真的是大材小用，說他們不過是開發出這些衍生產品。據說太空總署浪費了數百萬美元來開發一種可以在太空中使用的圓珠筆，因為標準筆需要靠重力將墨水拉到圓珠上。並且將這項據稱是美國太空總署提出的書寫解決方案與蘇聯的方法拿來對照，據說蘇聯在這個問題上沒有花任何錢，而是直接用鉛筆。雖然真的有（現在仍然有）所謂的可以倒寫的「太空筆」，因為墨水是加壓的，這是由費雪（**Fisher**）筆公司開發的，但美國太空總署實際上並沒有花任何一毛錢在這上頭，太空筆在低重力下比鉛筆效果更好，因為鉛筆容易在無重力的情況下留下一些造成不便的碳碎片，漂浮在半空中。

迷思

30

大爆炸理論解釋了宇宙的起源

在所有現代科學的理論中，「大爆炸」（Big Bang）無疑是最著名的理論之一，甚至還有以此為名的電視情境喜劇。不過，要認識這理論的真正面貌，我們需要回到一九五〇年代。

當時有兩個相互競爭的理論試圖解釋宇宙的演化。兩者都是基於宇宙膨脹的證據，這都已經過多次驗證。之後發展成大爆炸理論的早期版本指出，宇宙是從某個時間點開始的，就像一顆「宇宙蛋」。這意味著宇宙（或者至少是我們可以體驗到的那一部分）有一個特定的創造時刻。

一些天體物理學家對這說法感到不安，部分原因是他們當中的無神論者認為這似乎在暗示造物主的存在。正如史蒂芬·霍金（**Stephen Hawking**）所言：「很多人不喜歡時間有個開端的想法，這可能是因為這聽來有點神聖干預的味道。」另一個與其競爭的理論，稱為穩態理論（**steady-state theory**），是由弗雷德·霍伊爾（**Fred Hoyle**）、托馬斯·戈爾德（**Fred Hoyle**）和赫爾曼·邦迪（**Hermann Bondi**）這三位共同提出的，他們是在劍橋的一次聯合探險中看了一部超自然電影《夜之死》（*Dead of Night*）後發想出來的。電影的最後一幕直接銜接開場的片段，它是循環的，沒有開始也沒有結束。

這激發了他們對宇宙的想像，它能夠在膨脹的同時保持原本存在的物質密度相同，因為物質會不斷創造出來，防止它變得越來越稀薄。霍伊爾不僅是一位出色的天體物理學家，還是一位著名的科學傳播者，在發展出穩態理論的一年後，他在英國廣播電台（**BBC**）發表演講。在當中，他比較了兩種理論，指出穩態理論「取代了隱藏在舊理論中的假設，正如我之前所講的那樣，舊理論假設宇宙中的所有物質都是在遙遠過去的某個特定時間點所發生的一次大爆炸中所產生的」。

這是第一次使用「大爆炸」一詞，但霍伊爾為此經常遭到指責，說他以帶有貶義的方式來使用這個詞。不過，在讀他的講稿時，霍伊爾似乎更像是為它貼上一個淺顯易懂的標籤。在接下來的三十年裡，開始進行種種觀測，得以區分大爆炸理論和穩態理論，而累積的數據都堅定地支持大爆炸理論。霍伊爾當然會修改穩態理論以匹配觀察結果（這裡也應該強調，大爆炸理論也必須進行重大修改），但在這段期間穩態理論已經完全失勢。

毫無疑問，大爆炸理論是我們目前關於宇宙如何從早期狀態發展到現在這個形式的最佳想法。但是這個理論有一個很大的漏洞，就是霍伊爾在那次早期的廣播談話中提到的。他說：從科學的角度來看，這個大爆炸假說是兩

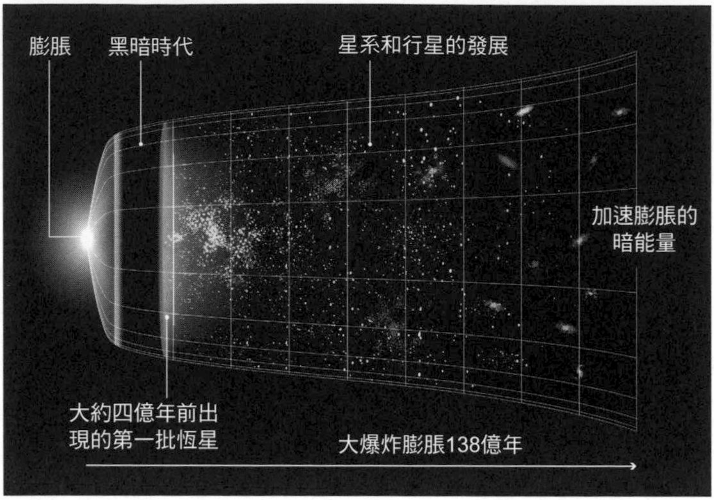

者中較差的。因為這是一個無法用科學術語描述的非理性過程，它無視基本假設，永遠不會被直接訴諸於觀察的結果所挑戰。

這一點，霍伊爾絕對是正確的。大爆炸理論沒能告訴我們萬物從何而來。它在空間和時間開始後的不到一秒內就開始，但這並沒有告訴我們宇宙從何而來，也沒有告訴我們宇宙及其自然法則是如何形成的，它提出了一個我們永遠無從得知起源時刻的開端。相比之下，穩態理論確實更具吸引力，因為儘管很難偵檢測到物質的產生，但至少這是一個可以觀測的過程。

穩態理論可能是錯誤的，不過這也很容易讓人陷入二元思維中：我們會假設若是兩個理論中有一個是錯的，那麼另一個必然是對的。問題是大爆炸理論可能永遠無法提供世界究竟是如何開始的科學答案，它無法告訴我們宇宙從何而來。

迷思 31

我們應該回歸祖先的飲食方式

在人類存活在地球上的大部分歲月中，目前的最佳估計是三十萬年左右，我們都是狩獵採集者，依靠我們可以捕獲或採集到的東西維生。然而，大約在一萬到一萬兩千年前，人類的生活型態漸漸轉變，變得比較穩定下來，開始種植莊稼和馴養動物。隨著農業的發展，我們的飲食發生劇烈的變化，不過，時至今日我們經常聽到有人主張應該要回復到所謂的「古飲食」（paleo diet），採行更接近狩獵採集者的飲食習慣。有人主張這會降低我們罹患心臟病、糖尿病、癌症等疾病的風險。

這樣的飲食改變意味著要放棄許多種熟悉的食物，包括家畜肉品、奶製品、穀物、豆類、糖和油。只剩下野生動物的肉和蛋、堅果、種子，以及水果和野菜可食用。這樣一來，我們就只會食用在演化過程中適合身體所吃的食物，避免農業飲食中較不自然的選項。

這種飲食法確實會有些好處。家畜的替代品顯然就是捕獵到的野味，牠們的含脂量較低，更有益健康。更重要的是，因為（在英國）獵物必須是在野外射殺，而不是養殖後送進屠宰場，因此與養殖相比，這更有益動物福利，不過這些野味的價格要貴得多。戒糖更是一個明智的選擇，不過事實是，這整套古飲食並不是我們現代人所擁有的最好選項。

其中一個問題來自於一個錯誤的假設：人類在三十萬年前演化出來後就一直沒有再改變。所有物種都不斷在演化，因應環境變化做出反應，雖然新物種的形成通常需要數百萬年的時間，但小規模的演變可能出奇地快。自農業出現以來，人類也有所演化。例如，在世界的某些地方，已經有人演化為成年時可以從牛奶中獲益，而幾乎所有的人類現在都經歷過穀物消化方面的演化，變得比前人更善於消化這類食物。我們不再是三十萬年前的那個物種。

更重要的是，不能僅因為一種飲食在過去很普遍就假定這是人類的最佳飲食。演化不是定向的，並不會「因應目前可取得的飲食將人類微調成能夠適應它的狀態」。再者，我們對生活的期望也發生了變化。狩獵採集者的飲食，再加上這種生活方式所需的大量運動，對於保持人類身體健康到達可以繁殖和維持物種延續的年齡來說相當不錯，而這就是演化所需要的。但是我們現在的期望是在生養孩子之後能以高壽作終，而這並不屬於那計畫的一部分。

而就這點來說，也不是只有人類在演化，我們能夠食用的獵物和野生植物也同樣在演化。在演化的世界裡，沒有什麼是維持不變。我們不知道三十萬年前的祖先究竟吃的什麼，但可以肯定不會是今日的野生生物。

當然，有些人建議我們根本不應該吃肉，但是，如果這與古飲食結合，就會帶來很大的麻煩，因為許多蛋白質的替代來源，例如豆類，都是栽培作物。人類一直是雜食動物，幾乎不可能單從採集的植物性食物中獲得均衡的飲食。更重要的是，吃肉會帶來大量儲備的營養素。堅持食用野生植物意味著每天要花很多時間進食，才能攝取到足夠的必須營養素。而這一點與現代的生活型態格格不入。

迷思 32

水在南北半球流入排水孔的方向不同

在本書中提到的可疑主張中，這可能是最常出現在電視紀錄片裡的一則，尤其是在主持人會跨越赤道的那類旅遊節目中。他們會認真地說，如果你在赤道以北，水在流進排水孔時會是按順時針方向旋轉，有時會在排水管中形成一個小漩渦；一旦越過赤道，進入南半球，水將變成逆時針旋轉。而在赤道正上方時，水理當會直接向下流，不會形成漩渦。

這個想法確實是基於真正的科學，但卻是應用不當。這種效應的科學推論稱為科氏力（Coriolis force），這是駐留在一旋轉體上所造成的。想像一下，

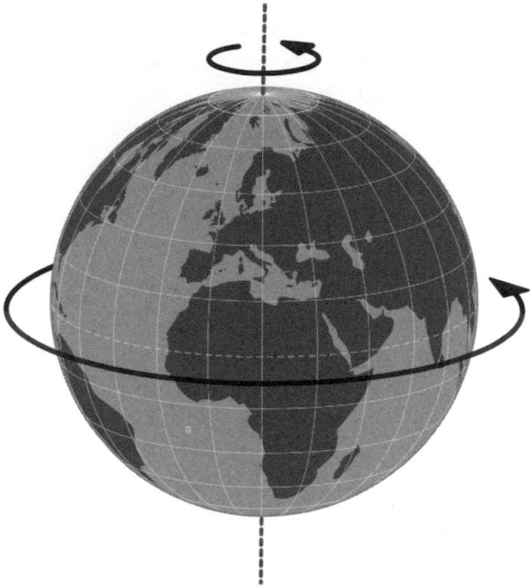

若是將一台黑膠唱片機側放，讓轉盤垂直。現在從轉盤的中間向邊緣放下一顆彈珠，讓它直線下落。若是從一台在轉盤上的攝影機觀察彈珠的變化，它不會沿直線移動，它的路徑會因為轉盤的運動而彎曲。似乎有一種力量將彈珠推向一邊，使其偏離直線路徑。

同樣的狀況也適用於地球表面。因為我們這些觀察者是隨著地球旋轉，而所有物體顯然會被推離它們的運動方向，往側向偏去，若是在北半球是向右移動（產生順時針的渦旋），而在南半球則向左移動。

這種科氏力效應是真實存在的。這就是為什麼大型的移動氣流往往會在我們標記為氣旋和反氣旋的適當方向上產生螺旋。然而，那些在赤道附近緊盯著洗手台的人會面臨到雙重問題。首先，離赤道越近，影響力越弱。展示者通常只會在跨越赤道兩邊走幾步，但那裡其實是做這項「實驗」最糟的地方。

第二個問題更嚴重。即使是在遠離赤道的地方觀察排水孔，科氏力造成的效應也不是影響水流方式的唯一因素。水流的方向也會受到水龍頭相對於排水管的位置以及水流入（和流出）水槽或其他容器的形狀的影響，甚至連排水孔的形狀也會造成差異。這些不同因素的綜合影響，遠大於科氏力在這微小系統中的影響。

那麼，為什麼在這些電視節目中的表演都會成功呢？除非你很小心（這些節目很少如此），否則很容易在不知不覺中讓實驗的結果反映自身的期待。有一個著名的實驗是分配兩組老鼠給研究生進行迷宮測試，並告知他們這當中有些老鼠特別聰明，有些則一般。最後得到的結果確實不出所料，聰明鼠比普通鼠更擅長解迷宮。但後來有人揭露真正的實驗設計，其實這些研究生才是這場實驗中真正的白老鼠。他們拿到的所有老鼠都是一樣的，並沒有智能特別高的群體。但是因為學生會期待一組表現得比另一組好，所以他們會預期「聰明」鼠的能力比較好，而結果通常就偏向那一邊。

這是對那些符合預期旋轉方向的漩渦的示範實驗的寬容解釋。可悲的是，紀錄片製作人為了得到他們想要的結果，也會加以操縱，這類情事也時有耳聞。就像旅鼠的例子一樣，在排水孔的旋轉水流示範實驗中也有人為操作。

迷思 33

國際太空站上沒有重力

看著太空人在國際太空站內漂浮，會有種快要被催眠的感覺。常識告訴我們這是因為他們處於「零重力」狀態，他們之所以能夠在太空中盤旋，是因為遠離了地球、不再受到重力的影響。不過真正的原因其實比這有趣得多。太空人之所以四處漂浮，其實是因為他們與太空站一起朝著地球墜落。他們根本不是處於零重力狀態，而是處於自由落體的狀態。

若是忽略空氣阻力的影響不計，那麼物體在重力作用時的下落速度就不受其質量影響。因此，不論是像太空站這樣龐大的物體，還是像人這樣（相

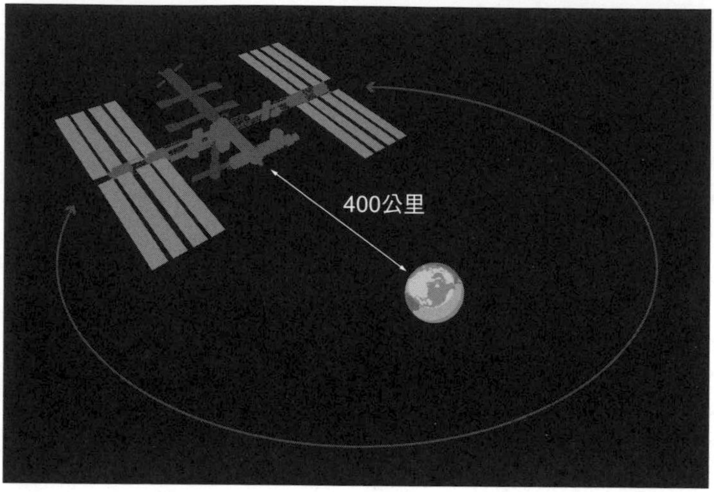

對）小的物體，都會以完全相同的速度加速。正是因為人下落的加速度與太空站的相同，在內部的人才會漂浮起來。

值得慶幸的是，我們沒有聽過國際太空站及其中的太空人真的掉到地上過。這是因為他們以一種特殊的方式移動，也就是說，儘管在不斷的墜落，但仍然不會撞上地球。這種特殊的移動路徑稱為軌道。這主要是因為它能夠以剛好的速度相對於地球表面進行側向移動，以平衡由重力引起的加速度。在地表上方的每個特定高度，只有一種速度能夠讓軌道衛星保持在軌道上移動。

國際太空站的軌道離地球相對較近，大約是在地表上方四百公里處。這已進入太空中，但很靠近地球，所謂「太空」的嚴格定義，是從距離地表一百公里的「卡門線」（Karman line）開始算起。太空站的高度與用於廣播的地球同步衛星大不相同，這些同步衛星會保持在相對地面特定點上方的位置，必須遠離地球表面，一般高度約莫是太空站距地球的一百倍。因為地球很大，國際太空站又離它不遠，因此仍會受到重力影響，約是我們在地面上感受到的九成左右。如果太空站位於一個非常高的塔頂，而不是處於自由落體的狀態，那麼船上的太空人會覺得自己幾乎和在地球上時一樣重。

除了繞行軌道以外，自由落體的失重效果可以用其他方式來達成。例如，若是置身於一台自由落體電梯內，你將體驗到與太空人相同的漂浮能力。但不幸的是，由於你不是身處在運轉中的軌道衛星上，因此沒有避免撞上地球的能力，所以這樣的體驗恐怕是非常短暫。

為了能讓人體驗到自由落體的感受，又不至於墜落致命，有人便設計出一種特殊的飛行方式，在飛機爬升到高點後向下俯衝，在這樣的飛行過程中，每次可讓機上人員漂浮約二十五秒。這些飛機最初是設計來訓練太空人的，官方名稱為「減重力飛機」（reduced gravity aircraft），不過比較廣為人知的名稱是「嘔吐慧星」（vomit comets）。現在已經開放商業體驗，也許最著名的體驗者便是已故的史蒂芬．霍金，讓他有機會短暫失重，脫離他的輪椅。

當然，要逃離地球引力是真的有可能的。引力的強度取決於你和重力中心的距離，隨著距離平方而減少。在太陽系中有一些巨大的物體，尤其是太陽和巨大的行星，與這些物體保持合理距離的宇宙飛船能夠提供真正的零重力體驗。在沒有其他重力來源的情況下，重力效應可以透過加速產生，這與自由落體相反。無論是加速一艘船，還是旋轉它，都可以產生與被重力吸引相當的力量。

迷思

34

黑猩猩和大猩猩是我們的祖先

幾年前，我在一所中學擔任科學傳播比賽的評委，其中一個參賽小組是以大猩猩為主題。在他們的展示中，要求我們要善待大猩猩，「因為牠是我們的祖先」。這確實立意良善……但在科學上是錯誤的，我們不是任何人猿的後代。

這裡的重要區別在於擁有共同祖先和直系血統。我們這個物種是智人（Homo sapiens），大約是在三十萬年前出現。在演化的路上，在我們祖先所物種身上有類似人猿特徵（請記住我們也是一種人猿），而且比我們通常所想像的要還多。不過，至少牠們已經在直立行走。

若是不斷回溯查找之前的物種，最終會在家族譜系這棵親緣關係樹上遇到黑猩猩以及巴諾布猿（又稱倭黑猩猩），牠們是類人猿中與我們關係最近的親戚。若是再往回推，則會找到我們與大猩猩的共同祖先。需要走得更遠才能遇到我們與紅毛猩猩的共同祖先。當你繼續沿著這棵親緣關係樹往回走，沒多久會遇到我們與上述這些動物的共同祖先，牠們看起來更像是一隻現代的猴子。但同樣的，牠們並不是。

若是回溯地夠遠，會發現所有物種都有共同的祖先。比方說，我們會先碰到小型囓齒類哺乳動物，然後是哺乳動物的前身物種等。最終會找到我們與植物的共同祖先，而且還能更進一步地找到所有動植物和細菌的共同祖先。我們所鑑定的每個物種，無論是現存的還是已滅絕的，都有一個共同的祖先，所有的生命都有遠近親疏的關聯。目前還沒有找到證據能夠顯示生命在地球上曾經開始過不止一次，這話的意思是說，沒有一種生物奇特到我們無法找到與其相關的基因序列，儘管這也不是不可能發生。

在追尋我們自身的祖先物種的細節時，會因為缺乏資訊而處處受限。遺骸的有機體已經腐爛，身體的柔軟部分若是被礦物質取代，就可保存下來，但這樣的化石紀錄太少。對任何一個生物來說，能夠變成化石是極其不容易的。現在之所以會有這麼多的化石，唯一的原因是在過去三十五億到四十億年的這段時間裡，曾經出現過非常多的生物。過去曾經有段時間很流行用「失落的環節」（missing link）來形容我們與更早期物種之間的空白。實際上，這樣的空缺比較像是一棵缺失樹幹的樹，上面只有幾根個別樹枝的細微末節隨機地保留了下來。

物種間的親源關係是以DNA來判定，DNA的差異程度反映著彼此間的親疏遠近。但在回顧過去時，DNA能夠提供的資訊相當有限。例如，在

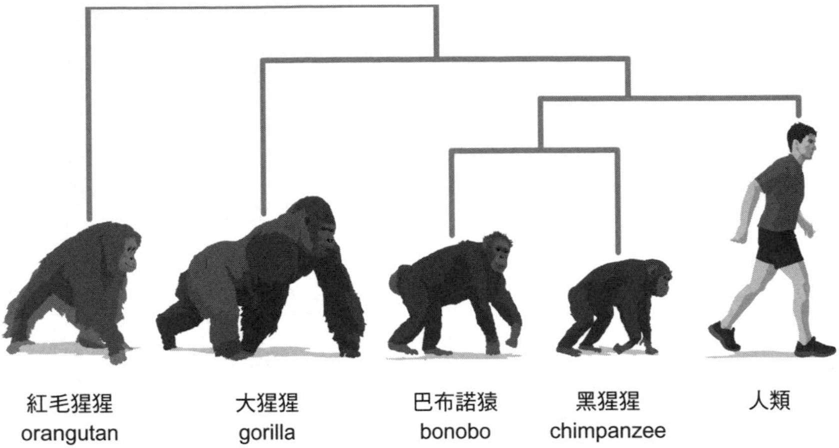

二〇一六年有人發現了一具名為MRD的古人類物種的殘骸。牠具有一些類似人類的特徵，可以追溯到大約三百八十萬年前。報紙上充斥著MRD是已知最古老的人類祖先的說法，但其實這一點根本無從判斷。以DNA來判定關係，只能用在大約一百五十萬年內的生物，超過這個年代後就沒什麼用了，因為它衰退得太嚴重，無法從中找到任何能釐清親緣關係的有用資訊。MRD這個物種與我們同屬一棵演化大樹，但無從得知是否位於同一個分枝。

可否將任何一種類人猿稱為人類的祖先，還有最後一個因素要考量。自從黑猩猩的祖先和我們的祖先從共同祖先的血脈分離以來，這兩個物種都各自繼續演化著。在分道揚鑣後，兩者在演化的路上都還出現過很多其他的祖先物種。而且在我們各自演化成當前的物種的這段時間，這兩段分枝上的每個物種也都在繼續演化。人類已經不是三十萬年前的那個人了，而黑猩猩的演化程度甚至比我們還多。演化永無止境。

迷思
35
變色龍會變色以融入背景

變色龍是種神奇的動物，最吸引人的地方就是牠們會改變膚色。因此，我們會形容那些很懂得融入環境的人跟變色龍一樣，這是指他們有能力改變外表或行為，隱身於人群中。不過，真正讓人大吃一驚的是，大多數的變色龍不大會變色。

這並不是說這種動物會改變膚色只是則迷思，牠們確實有能力變色。但目前沒有證據顯示大多數的變色龍物種具有這種偽裝能力，實際上牠們的體色所擔負的功能與此恰恰相反。變色龍是利用牠們的體色來與同類交流，這是一種溝通方式。牠們之所以改變顏色並不是為了要隱身於環境中，而是要更加地彰顯自身。有很多動物會用聲音傳遞訊息，但也有許多動物是用其他的方式。例如有些昆蟲會使用化學物質來進行交流，蜜蜂的搖擺舞步也很出名，牠們是以舞姿來傳遞甜美花蜜的位置。動物之間也經常使用視覺溝通，變色龍就是將這種交流提升到一個新的層次。

通常，變色龍身上出現鮮豔顏色時，表示具有一定程度的攻擊性，若是顏色較為柔和則表明牠願意合作。變色龍還會利用牠們的體色來進行熱量管理：較淺的顏色會反射更多的紅外線，而較深的顏色則會吸收紅外線。讓皮膚顏色變淡，就可以避免在強烈陽光下出現過熱的問題。

改變顏色的能力來自色素細胞（chromatophore）這種特殊的皮膚細胞。這些細胞會提供一小塊一小塊的顏色，就像手機螢幕上的像素一樣，由此拼湊出一個整體的色塊。有些物種的變色技巧上比其他物種好，可以展現出更

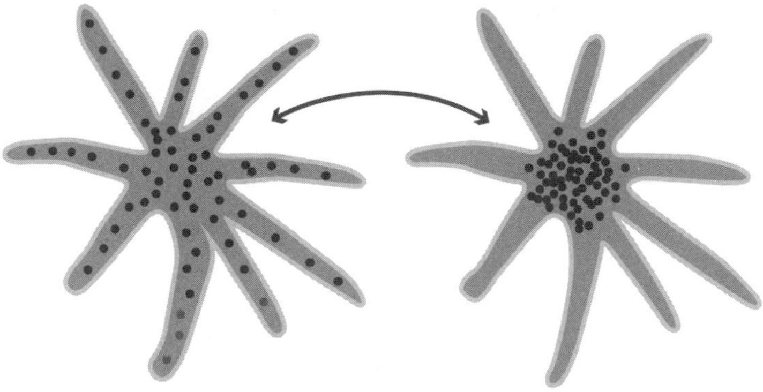

廣泛的色調，而其他物種則相對受限。

變色龍在變色的舞台上霸佔了聚光燈（在我們不知不覺間），這點實在很可惜，因為這讓人忽略掉一些真正善於利用顏色變化來融入環境的動物。其中最常見和最熟練的要算是比目魚了，如鰈魚、比目魚和龍利魚，牠們都棲息在海底，可以完全融入海底的圖案，使自身幾乎隱形。這是可能的，因為除了色素細胞外，比目魚的身體下側還有感光斑塊，因此可以在固著於海底前偵測到顏色。

一些章魚和魷魚也能有效利用顏色來偽裝，至於真正能夠偽裝的變色龍是史密斯侏儒變色龍（Smith's dwarf chameleon）這個品種。但這可說是變色龍中的一個例外，實在不適合用來形容那些融入得很好的人，也許比較貼切的形容用語應該是像比目魚一樣。

人類的偽裝則通常是集中在軍事應用上，到處都有適應性顏色的嘗試，模仿那些號稱是變色龍的能力。不過通常還可採用更微妙的方法，當我們無法讓某物隱身消失時，可以用科技讓它看起來像別的東西。例如，在發覺要完全隱藏坦克發出的熱訊號幾乎是不可能的時候，就改用一項技術來改變它的熱輸出方式，使它看起來像一輛家用汽車。儘管這種透過模仿而隱身的行為在人類世界較為常見，但在自然界中也有類似的存在，好比說那些沒有刺針的昆蟲會模仿那些長有刺針的昆蟲外觀，或者變身為植物的一部分，這樣的例子也屢見不鮮。

迷思

36

舌頭的不同部位負責不同的味覺

有些科學迷思非常普遍，甚至會編寫進教材中在學校教授。五種感官和彩虹的顏色就是兩個明顯的例子，另一個歷久不衰的例子，則是舌頭上味覺感受器的分布位置。我記得在學校時曾做過一個關於舌頭不同味覺區域的「實驗」，大多數的我們都無法按課本上的味覺分布圖成功配對。這不是因為我們不會做實驗（儘管當時的我們的確沒什麼實驗技巧），而是因為根本不存在有那些味覺區域。

酸甜苦辣，還有鹹味和鮮味，是五種廣泛的味覺，在英文中，苦味與辣

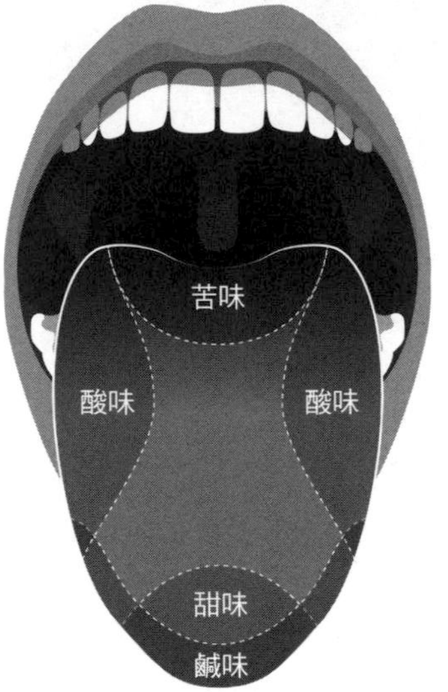

味算是一組。這些肯定與味道有關，這一點確實沒有什麼問題。然而，舊版顯示四種味蕾的不同位置的舌頭地圖（當時尚未將鮮味加入）便完全是虛構的故事了。舊的味覺圖大致上是將甜味放在前方，苦味在後方，後方左右兩側是酸味，前方左右兩側是鹹味。甚至有人提出，光是在這些區域施加壓力就可以產生這些味覺（由此可見學校的實驗設計有多失敗）。

事實上，人的舌頭表面約有兩千到八千個味蕾，溶解在唾液中的食物化學成分便是在這裡與味覺感受器細胞接觸。這些人體自備的偵測儀，可以感知到一些特定化學物質的存在，而大腦會將其解釋為一種特殊的味道。以鹹味來說，這反映的是在唾液中鈉離子的濃度相對較高；而酸味則是來自可以偵檢到氫離子的受器有關，氫離子則在酸性食物中很常見。

我們的味蕾位於舌頭表面稱為乳突（papillae）的小突起中，每個味蕾中都含有許多受體細胞，負責偵測特定的化學物質。這些細胞大致上以兩種方式運作，大多數的細胞會延伸出蛋白質構造，在與有「味道」的化學物質結合後，便會產生訊號。當中最奇怪的是鹽的受體。在身體的許多內部結構中，都有允許鈉離子穿過的膜，這會提供生物體賴以運作的電性訊號。鹹味的產生就類似這種「離子通道」，在酸味的偵測上可能也用到這種機制。

在某種程度上，「五味」的說法有點像是五感。食物中的其他特性實際上也會造成額外的味覺，這包括對我們所吃食物質地的回饋反應，還有像是辣椒獨特的「熱感」，或薄荷和薄荷醇產生的那種類似「涼爽」的味道。就跟許多味覺感受器一樣，這些感受也是來自那些使用蛋白質進行偵測的細胞所發出的訊號。

舌頭味覺圖這個迷思源自於一個誤解，是對一份貨真價實的科學研究的誤讀。最初的那份研究可追溯到二十世紀，當時只是展現出整個舌頭上存在有味覺強度的差異。不知何故，最後卻被誤解為舌頭具有分區偵測不同口味的能力，而不是整體強度。目前尚不清楚究竟是誰設計了這張錯誤的味覺圖，不過可以得知這是根據一九四〇年代一位哈佛心理學家對早期數據的誤解。

味覺分區的概念，與維多利亞時代短暫風行的顱相學大同小異，當時相信顱骨的形狀反映著其下方對應的大腦功能區。當然，這同樣也是子虛烏有的故事。

迷思

36

大黃蜂具有超越物理法則的飛行能力

舌頭味覺圖這樣的迷思仍在不少學校教授，不過今日我們更容易遇到的是那些在網站和播客上傳播的迷思，好比說大黃蜂能夠展現出超越空氣動力學的說法，以此來強調科學的侷限，希望以連科學都無法解釋的大自然奇蹟來震憾世人。

這種觀點似乎與詩人約翰．濟慈（John Keats）在他的詩作《拉米亞》（*Lamia*）中對牛頓和所有科學家的挖苦有關。濟慈告訴我們，這些人「透過法則和線條來揭開所有的奧祕」，並成功地「解開」了彩虹的構造。這是一種對科學相當狹隘的觀點，坦白說這想法幾近無知（在此先向濟慈的粉絲們道個歉）。了解事物的運作原理並不會影響它的美感，在科學家的眼中，彩虹還是同樣的令人驚嘆，在知道它的形成機制之後，驚嘆甚至有增無減。

那麼，神祕的大黃蜂又是怎麼回事？這則迷思提到蜜蜂那粗壯的身體不可能單靠牠那輕薄短小的翅膀的拍打來支撐。即使翅膀可以設法把牠帶到高處，蜜蜂還需要消耗比保持飛行更多的能量才能維持。這則傳聞還強調科學是無法解釋這一點的，但實際上，科學完全有能力，而且解釋得很清楚。

這則迷思似乎起源於一場佈道，當中提到是上帝讓蜜蜂飛行的。但是，要解釋大黃蜂令人印象深刻的飛行技能，需要了解空氣動力學。大黃蜂的翅膀並不能讓牠滑翔，也不能像鳥一樣以簡單的拍打動作來飛行。在構造和運動原理上比較接近的其實是直升機，蜜蜂的翅膀以高速的曲線移動來產生漩渦，旋轉的空氣柱增加了它的推升力，足以撐起牠看似豐滿但非常輕盈的身體。

這並不需要用到很多能量才能達成，蜜蜂保持飛行，完全不用訴諸於天神所賜的神奇力量。如果有佈道家真很想延續這條超脫物理法則的路線，那顯然應該挑選袋鼠，牠確實在其充滿活力的跳躍中使用了比覓食還要多的能量。不過，就跟對大黃蜂的認識一樣，我們不需要動用到神力才能解釋袋鼠的能力。

袋鼠看似違反物理運動定律的祕密，其實只是因為我們沒有將牠跳躍時所發生的一切納入考量。這裡可以拿彈力球來比較，這是個很好的例子。當你將一般的球扔到地板上時，它會再次彈起，有些所謂的超級球可以回彈的高度幾乎與最初掉落的高度一樣。球並沒有什麼祕密的能量來源，當它撞擊地面時，會吸收碰撞產生的能量，然後再度將其釋放出來，將球推離地面而無需添加額外的能量進這套系統中。一些彈性比較差的東西，好比說一袋麵粉，就只會將它與地板碰撞的所有能量轉化為噪音、熱量，以及噴出紙袋時對紙張的破壞力。

袋鼠比較接近橡皮球而不是麵粉袋。當牠落地時，身上富有彈性的肌肉會在衝擊中吸收能量，然後將其用來推動下一次的跳躍。如果我們將每次跳躍所需的能量加起來，忽略不計落地時所吸收的能量，袋鼠在跳躍時所消耗的能量確實比牠從食物中獲取的更多。但是透過回收跳躍時釋放的能量，而不是任其浪費，袋鼠就得以達成這樣的成就。

電動車的運作原理也很類似。在剎車時，車子不會浪費運動的能量，不只是徒然地加熱剎車片，還會將剎車時產生的一些熱能用來為電池充電。

迷思

38

為了保持健康，每天需要喝八杯水

水對身體有益。這沒什麼好大驚小怪的，但我們當中有些人沒能喝到足以維持健康的水量。經常有人耳提面命地警告我們每天需要喝八杯水（大約兩公升），而且別想用奶昔或茶代替，只有純水才算數，而喝完這八大杯可是件苦差事。不幸的是（或者對喜歡喝其他各種飲料的人來說則是件幸運的事），這一切都沒有科學依據，除了確實有些人沒有喝到足量的水這件事之外。

水當然是飲食中不可或缺的一部分，這點恰恰反映著水對每個生物的重要性。構成我們的細胞含有水，水既可以防止它們崩解，又可以充當其間種種微小機制相互作用的介質，少了水，細胞就無法發揮作用。人體大約含有六成的水，我們可以幾個星期不吃東西，但是沒有水我們最多只能活三天左右。然而，在強調水分的必要性以及有效的補充方式時，往往會出現明顯的誤導。

每天喝八杯水這樣具體的要求，是另一則誤解科學發現的迷思。八杯這個數字似乎是來自一九四五年美國國家研究委員會的一項建議，即在我們的飲食中，每消耗一卡路里的食物，就應該包含大約一毫升的水。就兩千卡路里這樣一般的消耗量來說，每天最少要喝兩公升的水（今日，許多人攝取的熱量甚至更多）。但這與喝幾杯水無關。

在我們的飲食中，很少會吃到完全乾燥的食物，就所有生命都依賴水這一點來看，這毫不足奇。我們攝取的水量大約有一半來自我們的食物，不需要特別喝水。而這一點立即將飲用水的需求減半。研究顯示，純水和我們喜歡的大多數飲品間的水合作用沒什麼差別。咖啡因對水分通過身體的速度有輕微影響，但似乎不會對水合作用本身造成什麼影響。倒是吸收過多酒精會是比較大的問題，這就是為什麼最好不要在飛機上飲酒，因為光是機艙壓力降低就已經會讓人脫水。不過含水量高的酒精飲料，例如啤酒，仍然可以有效補充水分。小飲啤酒也是無妨的，畢竟幾個世紀以來，英國的標準飲料就是一種稱為「小啤酒」（small beer）的淡啤酒，因為在過去許多地方的供水都不符合飲用安全。

不過還是有個好消息。如果你真的喜歡運動飲料的味道（有人喜歡嗎？），它們確實能夠有效補水，不過也沒有比任何其他飲料更有效。儘管製造商聲稱，在運動口渴時，可以有效補充水份。「搶在口渴前補水」的主張並沒有科學依據，我們也不需在飲料中添加那些運動飲料中的電解質，雖然這些化學物質很重要，但我們可以從食物中獲取足夠的電解質，並不需要人為地提高電解質濃度。

即使八杯水的建議可能讓我們誤解，但大多數人都知道喝水不足的危險，反而對喝太多水的危險性感到陌生。如果喝水過量，身體細胞會膨脹，可能導致腦損傷，在極端的情況下甚至會致死。喝下一杯水當然不會造成這個問題，但一次喝超過一公升左右就開始有危及健康的風險。

迷思 39

若是你做的一項醫學檢測有九成九的準確度，而你的結果是陽性，那麼你的患病機率就是九成九

新冠病毒（Covid-19）的大流行，讓每個人都注意到醫學檢驗的準確性是可以用數字來評估的，但很少有人提到，這些數字本身並不一定能告訴我們那些我們真正想知道的事。

通常有兩個不同的數字來衡量一項篩檢的準確度（accuracy），一個是它的靈敏度（sensitivity），或稱敏感度；另一個是它的精確度（specificity），或稱專一性或特異性。靈敏度是關於偽陰性的問題，即這項檢驗在你明明有患病的情況下卻顯示出陰性，也就是沒有患病；而精確度則是在討論偽陽性，

即在你沒有罹患某種疾病時卻呈現出陽性，讓人以為自己染病。就此看來，我們首先要釐清的是，當我們說一項檢測具有九成九的準確度時，到底意味著什麼。

以大流行中常用的「橫向流動」（lateral flow）檢查為例，在牛津大學的一項大型研究中，這些檢查具有很高的精確度，通常在九十％到一百％，不過靈敏度較低，且各種檢測間有很大的變異，介於四十％到九十七％的範圍內。現在，讓我們以一個具有九十九％的精確度和七十％的靈敏度的檢測來說明這些數字的意義。

所謂的「偽陽性」是指檢驗結果顯示你已感染，但實際上你並未感染，因此你可能得進行隔離或採取其他不必要的預防措施。若是在其他類型的疾病檢驗中出現偽陽性，也可能讓醫師診斷你罹患癌症這類令人擔憂的疾病，這可能會在釐清真相前造成相當大的痛苦，甚至可能導致不必要的醫療程序。

「九成九的準確度」在這裡是指檢測結果正確的次數比例，也就是說會有一％的情況會產生誤報。在所有呈陽性的檢測結果中，會有一％的人並未感染。

不幸的是，這並不是我們真正想知道的數字。這個一％代表的是即使沒生病卻仍然檢驗出陽性結果的機率。我們真正想知道的是，若是檢驗結果為陽性，但實際上並沒有生病的機率。這兩者聽起來很相似，但當中所涉及的數字大不相同。

想像一下，在感染率每十萬人有兩百人感染的情況下每天進行一百萬次的檢測。我們需要這項資料才能應用貝氏定理（Bayes theorem），這是一種巧妙的數學技巧，可將我們已知的交換成我們想要知道的。讓我們來計算一下，別擔心，這過程出奇地輕鬆。

假設每十萬人中有兩百人感染疾病，那麼在接受檢測的一百萬人中，平均會有兩千名感染者，而有九十九萬八千人是沒有受感染的。這項篩檢具有七十%的靈敏度，因此在兩千名感染者中，會有七成的人會被告知染病，也就是一千四百人。而九成九的精確度則意味著，在九十九萬八千名的未感染者中，有一%的人會得到陽性結果，也就是九千九百八十人。

那麼，加總起來（9,980 + 1,400 = 11,380），一共會有一萬一千三百八十個人拿到陽性的結果，但其中只有一千四百個是正確的。因此，你在得到陽性結果後，真正患病的機率（1,400 ÷ 11,380 = 0.12）大約只有十二%。

讓我們再說一遍，因為這真的非常令人難以置信。使用這個準確度為九成九的檢測，在被告知患有這種病時，只有十二%的情況下它是正確的，而有八十八%的情況是誤判。這項檢測的陽性結果的準確度取決於進行檢測的總數、這種疾病的流行程度，以及這項檢測的品質。

請注意，這並不意味著我們應該不要進行檢測，或是忽略測試結果。如果你會去做檢查，通常是因為你的身體情況有點不尋常。比方說，你可能有症狀，或是可能接觸過感染者。在這些情況下，你便不再是普通人群的一部分。例如，有症狀者的患病率遠高於整個人口族群，因此起始的感染率就遠大於每十萬人中的兩百人。

不過，在進行常規檢測時，需要考慮將「準確」的含義從我們對檢測的看法轉移到我們對疾病的看法，這需要詳加研判，就連許多醫師都搞不清楚。如果一種疾病相對罕見，而且又做了很多檢測，那麼即使測試中只有出一個小差錯，也會造成大量的偽陽性結果。

迷思 40

掉吐司的時候不見得每次都是抹奶油的那一面落地

有許多幽默的觀察「定律」，像是「墨菲定律」（如果有出錯的機會，到最後就一定會出錯），或是「彼得原則」（一人會不斷地被提拔，直到坐上一個不稱職的職位）。儘管這些說來很有趣，其中一些也為大眾廣泛接受，當成適用於真實情況的經驗法則。例如，公共汽車真的會一來就好幾班，而不是按照固定間隔。

之所以會發生公車的擁擠效應，是因為有一站公車停靠時有很多人在等車，因此在該站停留的時間會比預期的長。所以，下一輛到達該站的公車的間隔就縮短了。在那之後不久到的下一班車甚至可能遇到一個空站，因此可能根本不需要停下來。這情況會一直持續，直到最前面的那班公車因為太滿而無法再讓乘客上車，這時與第三班公車的距離差距開始縮小。

然而，在這些日常觀察到的效應中，似乎有些是我們的選擇性記憶所造成的，而不是真有其事。我們對於造成嚴重不便，或者異常的事情會記的特別清楚。例如，大多數人會記得嚴重誤點的火車或飛機班次，但對準時班次的記憶就較為薄弱。

這也是為什麼我們會對巧合感到驚訝的原因。我記得有一次在一個偏遠地區的斑馬線上遇到我一個大學時代的舊識，那裡距離我以前唯一見到他的地方少說也有三、四百公里。但是在我的一生中，在過馬路時會遇到成千上萬我沒有意外認出的人。這之所以留在我記憶中，是因為那個例子比較特別。同樣的，接到一通你剛剛想到的人的電話似乎很神奇……不過若是你試著去計算有多少次在你想某個人時卻沒有立即接到他們的電話，前面那通電話也許就不值得大驚小怪了。

那麼，推測掉吐司時總是奶油面朝下的這一說法，也是因為選擇性記憶在作祟似乎非常合理。然而，這則迷思就連駁斥的說法也是個迷思，因為塗奶油的那一面確實更容易掉到地上。英國廣播公司特地做了一節目來「證明」這不是真的，顯示吐司只有一半的時候是奶油面落地，正如他們原先所預期的。

如果你真的去找奶油吐司落地問題的物理解釋，可能會認為這是一種空氣動力學效應。一片吐司在塗上奶油後，兩面便具有不同的特性，外觀和觸感都不同。也許這可能會改變空氣在其上移動的方式，進而改變它落地的方式？但真正的答案並不需要深入到空氣動力學原理。

它發生、以及何以說英國廣播公司的「實驗」失敗的原因，完全是看在

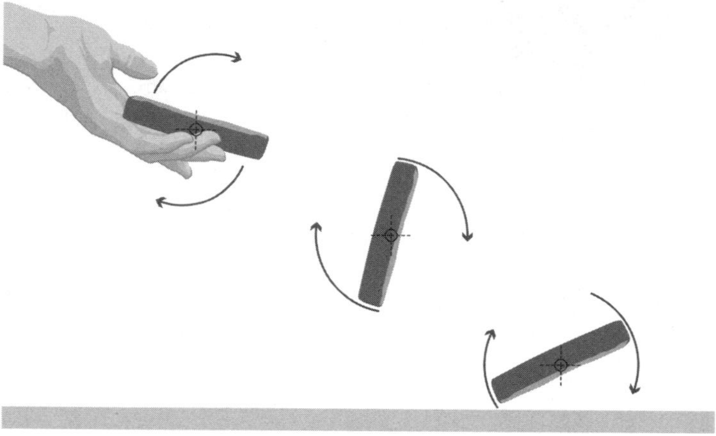

現實中吐司落地的方式。在這個電視節目中，他們像拋硬幣一樣高高地將吐司拋向空中，而得到的結果就跟拋硬幣一樣，是正反等比例的。但這並沒有告訴我們在現實生活中吐司落地的方式。通常發生的情況是烤麵包片從盤子上滑落，或是從你的手中滑落，再不然就是從與腰部高度相當的料理台面上滑落。由於吐司掉落時通常會從一個邊緣先開始，因此它會旋轉。但在離開最初的那個水平的安全位置和地板之間的時間中，吐司通常只夠轉半圈。由於我們通常都將吐司的奶油面朝上，所以經過那半圈後，掉在廚房地板上的，當然就是塗了奶油的那一面。

有趣的是，即使是在拋硬幣的例子中，最後的結果也會因為開始時是以哪個硬幣面向上而略有偏差。在這裡，開始是朝上的那一面最終也比較有可能是朝上，這是因為對拋硬幣的分析顯示若最初是人像面朝上時，它的飛行時間會更多，不過結果還是跟英國廣播公司的丟吐司實驗很接近，仍然是趨近於相等的比例。

迷思 41

太陽是黃色的

不管你是小學生還是成年人，若是有人給你一堆彩色蠟筆，然後請你畫出我們這顆友好的星星鄰居，你很可能會把太陽塗成亮黃色。但太陽根本不是黃色的，它是白色的。

想一想我們是如何描述具有特定顏色的物體。白光落在它上面，它只反射回光譜中的某部分。而最初這道光可不是黃色的，它是白色的。太陽的光譜包含從紅色到紫色的一切，當雨滴將日光分裂成彩虹時，便能夠看到完整的光譜。若是陽光一開始就是黃色的，彩虹就沒有那麼好看了。

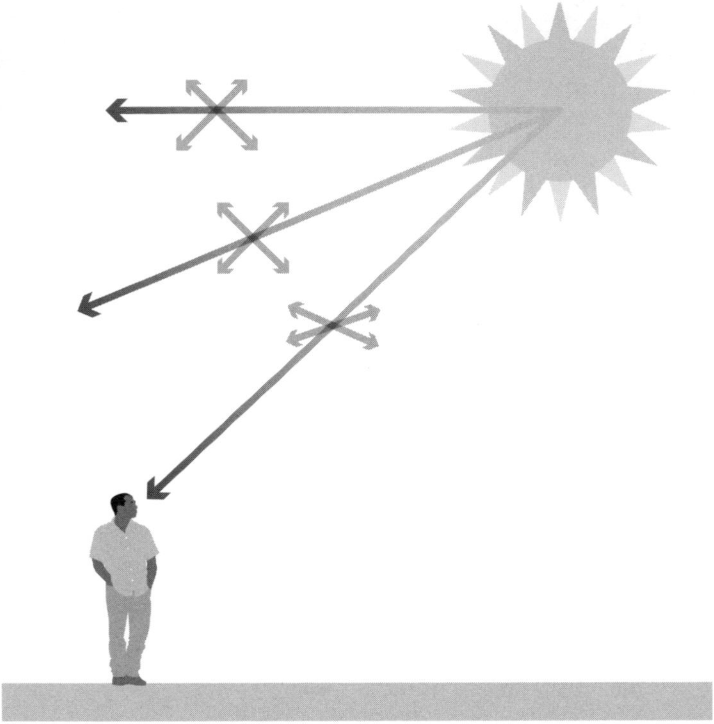

要討論太陽的顏色時有個難題，它實在太亮了，直視它是很危險的，所以我們的理智不會讓自己這麼做。只有當太陽下山時，我們通常才會看到它的顏色，但這時它通常看起來是紅色的。然而太陽並不在乎現在是什麼時候，日夜交替與太陽無關，這完全取決於地球的自轉。這也意味著白天時太陽顏色的任何明顯變化都是由地球自轉所引起的，與太陽本身無關。

這裡的關鍵在於地球大氣層。大氣中的氣體很會散射陽光，發生這種情況時，氣體分子會吸收一個光子，然後通常會在不同的方向發射另一個光子。而大氣中的分子比較擅長於散射光譜中藍／紫色端的光，比較不會散射紅色端這一側的。因此大部分的紅光和黃光會直接穿過大氣層，而有相當量的藍光與紫光則遭到散射。

我們可以看到這種散射的一個明顯結果。因為藍色到紫色範圍內的光會遭到散射，所以在到達地球前它會在天空中以各種角度反射，不會只有在與太陽相同的方向上，這樣的結果便是天空看起來呈藍色。由於照射在我們身上的白光中那些位於光譜藍色端的都遭到移除，因此太陽的顏色看起來就與其真實色調有點不同。當太陽高掛在天空中時，它確實顯得偏黃。隨著它往地平線靠近，光線會以一個斜角穿過大氣層，這讓觀察者和太陽之間的散射空氣分子變得更多。由於這時發生的散射不斷增加，太陽看起來就更紅。但陽光本身始終是白色的，這點毫無疑問。

本應對此現象較為了解的天文學家，有時還是難免將太陽稱為「黃矮星」（yellow dwarf），這個用詞幾乎完全錯誤，太陽的正確分類是 G 型主序星。G 型是指白色的：之所以會出現黃這個字眼，純粹只是過去將太陽誤認成黃色的，甚至連天文學家在畫太陽時也會犯下上述的錯誤。至於說這顆恆星是顆「矮星」，這聽起來好像我們的這顆恆星鄰居比許多同類恆星的強度和尺寸都來得低。實際上，太陽算是相對明亮的，在所有恆星中排名前十%。宇宙中確實有很多暗淡的恆星，而且太陽的大小也差不多位於平均值上下。

迷思 42

月相變化是地球的陰影造成的

我們早已經習慣晚上會看到月亮高掛天空，這讓人很容易忘記它是多麼的讓人驚嘆和美麗。我們的月球不是太陽系中最大的，木星和土星之間有四顆更大的月亮（或稱衛星）。不過就地球的大小來看，它仍然很有份量。更重要的是，如果沒有月球，地球上可能永遠不會出現生命。

這樣說是基於兩項促成因素，一是關於月球形成的方式，它很可能是一顆行星大小的物體與早期地球相撞時產生的。這次的撞擊把月球拋擲出去，並且促成地球產生非比尋常的物理構造，有一層薄薄的地殼讓更多的溫室氣體逸出，使得地球變暖，將溫度提升到足以有生命存在，然後還有一顆異常大的金屬核心，產生足夠強大的磁場來保護我們避免受到太陽發出的深具破壞力的太陽風襲擊。月球為我們做的另一件事是穩定地球的傾斜角度，這使得氣候趨於穩定，讓生命得以形成和繁衍。

我們的月亮在其他方面也很出色。它的體積大約比太陽小了四百倍，離地球的距離則近了四百倍，當然四百這數字純屬巧合。總之，當太陽、月亮和地球運行到一條線上剛好對齊時，它會非常剛好地蓋住太陽，導致日食，這時月亮位於太陽和地球之間。但這種巧合並不會永遠持續下去，因為月球正在逐漸遠離地球，不過還是會再持續繞行幾千年。

月亮的另一個特點是，除了輕微晃動之外，它總是以同一面來面對我們。之所以會發生這種事，唯一的原因是月球自轉的時間與繞地球公轉的時間完全相同。這似乎又是另一個不可思議的巧合，不過這是由我們通常認為只有在地球上發生的潮汐現象所引起的。月球的引力（有部分來自太陽的幫助），導致地球的海洋出現潮汐，而因為地球比月球重得多，所以月球受到的潮汐力也比我們大得多。但月球上沒有可起落漲跌的水體，但這股引力確實在月球表面造成了一塊凸起，然後這隆起的區塊又比月球上更遠處的部分受到更多的地球引力。長時間下來，這種隆起使月球的自轉速度與其公轉軌道同步。

因為我們永遠都只看到月球的一面，所以月球的背面通常被稱為陰暗面（**dark side**），關於這一點英國搖滾歌手平克・弗洛伊德（**Pink Floyd**）有很多發想。事實上，陰暗面就和我們看到的那一面一樣明亮，而且這讓我們看到那些獨特的月相變化。當月亮不是滿月（面向我們的一面全亮）或新月（面向我們的一面完全黑暗）時，它有部分就在陰影中，所以難以看得很清楚，但有時還是可以隱約辨認出陰影部分。推測我們看到的陰影是地球擋住照射月球的陽光似乎很自然，但事實並非如此。

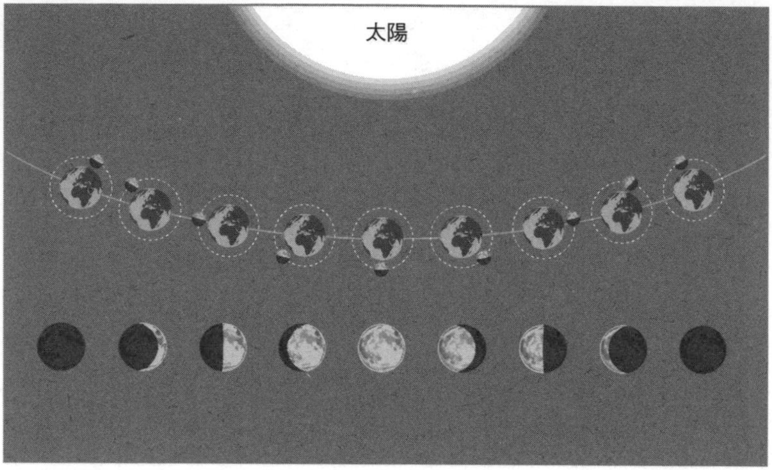

即使地球不在這裡，而你穿著太空裝漂浮在地球的位置（儘管如此一來月球就不會留在目前的軌道上），月球還是會出現圓缺變化的相位。這其實是陽光照射的角度所引起的。當光線照在我們看到的那一面時，就是滿月。當它完全照亮對面（使遠側完全照亮）時，就會出現新月。通常情況下，陽光是以一定的角度照射，在面對我們的月球表面上，只有一部分會被照亮。

最後一個關於月亮的驚人事實，是它實際上比看起來小得多，這是由視覺錯覺所引起的。目前對其產生機制尚未完全理解，但我們看到的月球比實際上大得多。這就是為什麼當我們沒有使用長焦鏡頭拍照時，相片中的月球看起來很小的原因。從地球上看到的月球的真實大小理當與保持一臂遠的打孔器所打出的圓孔大致相同。

迷思 43

抗氧化劑有益健康，而自由基則有害

健康產業（相對於更為科學的醫學領域）非常依賴文字描述，而在當中有些東西難免被認為是好的，而另一些不可避免地就被歸類在壞的那一邊。這種簡單的劃分反映著一個更廣泛的趨勢，即呈現科學知識給大眾的常用方式。媒體喜歡對周遭世界進行淺顯易懂的描述，但科學教給我們的一大核心教訓，就是事情從來沒有最初想像的那麼簡單，我們需要更詳細完整的大圖像才能真正理解到底發生了什麼事。

氣候變遷領域也許是展現這種複雜性最戲劇化的一個例子。在閱讀大多數這方面的報導時，會覺得溫室氣體實在很邪惡，應該要加以禁止。但它們不是。如果地球的大氣層少了溫室氣體，我們的星球將會是個雪球，長久處於幾乎沒有液態水的狀態，也就不太可能會有生命形成。如果我們的大氣層中沒有這些氣體所形成的溫暖覆蓋層，地球的平均溫度將比目前要低個三十三度，約接近攝氏負十八度。我們需要一定濃度的溫室氣體，才能讓地球的溫度保持在可生存的範圍內。縱觀地球的歷史，溫室氣體的含量一直在變化，將地球從冰雪世界變成了潮濕的熱帶環境。溫室氣體本身並無好壞，重點是需要將其濃度控制在某個臨界範圍內，而自工業革命以來，我們已經開始超出這個範圍。

同樣的，在抗氧化劑和自由基這邊也是要取得一種平衡，而不是簡單地斷章取義，喊著「抗氧化劑很好、自由基很糟」。這種非黑即白的對比式思考會造成很多問題，首先就是，雖然抗氧化劑確實在生物體內擔負重要作用，但這並不意味著在所有東西中添加抗氧化劑，就會使它們成為更有益身體的好產品。例如，在洗髮水中加入抗氧化劑並不會對頭髮有益。而且，也許更令人驚訝的是，食用「富含抗氧化劑」的食物，也不會對你體內的抗氧化劑濃度產生顯著影響。

在深入討論前，首先得了解抗氧化劑和自由基這兩種化學物質的作用。自由基（free radical）並不是化學中的激進分子（這與政治學中的概念恰好相反），說穿了這只是一個原子或分子，在其外部的「價」帶中多了一個以上的電子，因此更容易與其他原子或分子發生反應。自由基中的「自由」僅表示它們並未鎖定在身體的特定部位。自由基在體內也扮演著重要的角色，舉凡提供身體防禦能力來殺死細菌，或是傳播細胞中的訊號。然而，由於自由基非常活躍，不受控制，也會造成傷害，可能會干擾DNA的運作，導致某些類型的癌症、心血管問題和糖尿病。

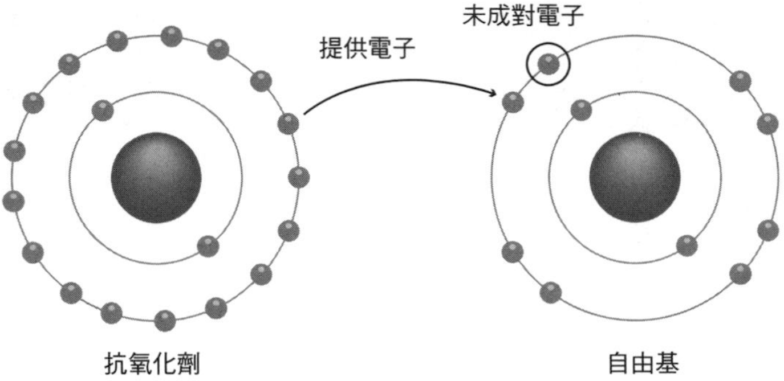

正因為如此，身體會使用抗氧化劑來加以抗衡，這些化學物質會提供電子來填充自由基那些價帶中的空隙，防止自由基的氧化過程。最著名的抗氧化劑是維生素A、C和E，我們可以從良好的飲食中攝取到充足的維生素，再者身體還會產生穀胱甘肽（glutathione）等多種抗氧化劑和保護酶來對抗自由基的不良影響。因此，對市面上販售的富含抗氧化劑的產品的第一項觀察是，若我們有適當的飲食，根本不需要額外補充抗氧化劑。

對抗氧化劑的痴迷還會造成一個更大的問題。幾乎所有東西只要過量都對我們沒什麼好處，就連水這個生命中最重要的化學物質也是如此，若是攝取過量同樣會致命，攝取過多的抗氧化劑也是不健康的。當然這並不是在說你必須減少食用藍莓或小紅莓等「富含抗氧化劑」的水果，它們並不會造成過量攝取的問題，只是抗氧化劑的含量相對其他食物更為豐富。大量食用這類水果不太可能造成傷害，只是所有水果都含有糖分，與蔬菜相比，還是應該適量食用。不過，服用過量的抗氧化維生素補充劑就是另一回事了，這肯定有害健康。據信服用大量抗氧化劑會減少人體自行合成的必需抗氧化劑，而這些遠比攝取的補充物質來得珍貴。服用抗氧化劑補充劑當然不至於造成重大傷害，但仍不應超過每日的建議攝取量，不過要是能夠透過良好飲食來達到正確的攝取量會更好。

迷思 44

亞馬遜雨林為我們提供呼吸所需的氧氣

世界上的熱帶雨林，尤其是亞馬遜地區的熱帶雨林，是拯救地球免受環境危害的最佳典範。有人說這一大片樹木是地球的肺；但嚴格來說，這片雨林與肺的功能恰恰相反。我們的肺是讓人能夠吸入氧氣，排出二氧化碳；但我們之所以喜歡樹，是因為它們會吸收二氧化碳並釋放出氧氣。從減緩全球暖化的角度來看，這當然是好事一樁，因為這可以移除空氣中的二氧化碳。健康的熱帶雨林是寶貴的環境資產，但說它們會產生我們呼吸所需的氧氣則是一大迷思。

在過去大約二十億年的時間裡，地球上的氧氣量大致保持不變。最初，地球上並沒有氧氣這種氣體；但在生命的早期，細菌不斷釋放出氧氣到大氣中。對於某些早期生命形式來說，氧氣這種反應性高的氣體是致命的，但它促成一個全新的生態系統的發展。

就算雨林不再製造氧氣，地球上所有的氧氣也不會就此消失。動物和其他化學反應確實會慢慢耗盡氧氣，但大部分的氧氣會從海洋返回到大氣中。這在很大程度上要感謝行光合作用的浮游生物，這些生物會將氧氣從二氧化碳中釋放出來，這種作用與陸地植物的機制相同，海中的氧氣又會被魚類和其他海洋動物重複利用。

請記住，氧氣不會被動物完全耗盡，而且植物和浮游生物會製造出新的氧氣。這與二十億年前已經存在的氧氣相同，地球具有一個超大的循環回收機制。

那麼亞馬遜雨林究竟貢獻了多少氧氣呢？這裡的關鍵在於第一段提到的「健康」一詞。良好、健康的森林確實有助於維持世界的氧氣濃度，然而，當中涉及的量往往被誇大了。一個經常為人引用的數字是亞馬遜為我們製造出二十%的氧氣，少了這片林地我們將無法生存。然而，亞馬遜雨林的健康狀況並不好。來自亞馬遜的氧氣其實從未做出多大的貢獻，而目前它幾乎為零。有時甚至還會移走大氣的氧氣，因為森林地面的腐爛物質上有大量細菌會吸收氧氣。

二十％的數字純屬幻想。儘管大氣中的二氧化碳含量高於我們的期待，不過目前這種氣體仍僅佔大氣的〇．四％左右，而氧氣約為五分之一。如果說這座雨林真的會產生我們所需氧氣的五分之一，那麼亞馬遜需要消耗的二氧化碳會比目前大氣中的含量還要多（完全耗盡二氧化碳將是一件可怕的事情。要是沒有溫室氣體，地球將冷到讓人無法生存的地步）。

儘管我們喜歡種樹，但無人管理的森林並不是產生氧氣的最佳方式。樹木到了晚上會吸收氧氣，因此它們產生的氧氣只有大約一半留在大氣中。而且，正如前面所提，覆蓋在森林地面的腐爛物質上的大量細菌需要氧氣，這些細菌會吸收掉所有樹木釋放出來的氧氣。

就此來看，保持亞馬遜雨林實在不是什麼好事。熱帶雨林是一個重要的棲息地，它確實從大氣中吸收了一些二氧化碳，但整個生態系所產生的淨氧量並不多。總之，這絕對稱不上是世界的肺。

迷思 45

電影院會放送潛意識資訊來促銷零食點心

觀眾坐在電影院裡，專心欣賞著電影，不會特別注意到電影中不時插入一些額外的畫面，意圖勾起觀眾購買零食和飲料的慾望。而且，值得注意的是，在播放期間，這些食品，不論是甜食還是鹹食，銷量都大幅提升。這就是潛意識廣告的誕生：大腦會接收資訊，即使在螢幕上出現的時間短到根本不會有人注意。這是一種無良的心智操作手法，因此在包括英國在內的許多國家／地區都明令禁止。這點其實很有趣，因為那整個實驗都是假造的。

「潛意識」或稱「閾下」（subliminal）這個詞可以追溯到一八八〇年代，

當時是用來描述一種微弱到不會被意識感知的感官刺激。但在一九五七年，報紙開始談論潛意識廣告時，它就此成了今日所談論的行銷手法。

這則突然爆發的新聞，完全超越閾值刺激，是由一位名叫詹姆斯・維卡里（James Vicary）的市場研究員所進行的，他聲稱在美國一家電影院中進行了這些實驗。

維卡里在業界雜誌《廣告年代》（*Advertising Age*）上寫下了他的這段經歷。他描述，他向超過四萬五千名觀眾展現出可口可樂和爆米花的閾下圖像。他聲稱，在中場時可口可樂的銷量成長了十八・一%，而爆米花的銷售量更是驚人地成長了五十七・五%。

相當然爾，維卡里的這份報告在心理學家之間引起了一陣興奮，他們急於複製他的這項發現，但卻宣告失敗。所有證據都顯示，維卡里從來沒有做過這項實驗，從頭到尾只是編造了數字。真正的研究顯示，潛意識廣告無法說服人們去購買他們本來就不會購買的東西，儘管有些證據顯示這多少還是有些微的影響力。

設計得當的研究顯示，如果一個人已經口渴，這類潛意識資訊可以讓他們意識到這種感覺，因此有多一些的動力來採取行動。而且在飲料品牌上可能還是會有一點效應，促使口渴的電影院觀眾青睞特定品牌的可樂。也許這整件事最諷刺的地方是，在維卡里的結論中，他聲稱這類廣告會讓銷售額大幅成長，但這並不會鼓勵人們更換原本喜愛的品牌。

不過，這還不是故事的結尾。自二〇一〇年代以來，研究顯示，許多像心理學這類的軟科學的研究方法都有缺陷，導致了所謂的「複製危機」（replication crisis）。在嘗試重現許多心理學研究時，只有大約三分之一能得到相同的結果，其中一個問題是社會科學的舉證責任往往要比物理學低得多。

在心理學中，一般對試驗結果達到顯著（significant）的要求，是這項試驗的統計檢驗中的「p值」要小於或等於〇．〇五。這個值所代表的是試驗結果出錯的機率，即一個因素並不會真的對結果產生影響，但試驗結果卻依然呈現它有所影響（或是產生更有力的證據）的機率，心理學的要求是這發生的機率要小於或等於二十分之一。反觀物理學，對p值的標準極其嚴格，要達到〇．〇〇〇〇〇三，這意味著結果出錯的機率大約是在三百五十萬分之一。更麻煩的是，p值與迷思39中提到的醫學檢驗一樣，都會遇到相同的問題，即明明毫無關係，結果卻呈現有所關聯的機率（好比說偽陽性）。但就我們的社會觀察來看，大家最想要知道的，其實是真的沒事的概率（好比說篩檢是陰性時真的沒染病）。另一個問題是，在這類研究中，有許多都設計不當，不是樣本量太少，就是在整理數據時往往會挑選出與特定結果匹配的那些。

大概在二〇一五年之後，心理學已注意到這些缺漏，因此之後發表的研究結果可能較為可靠。只是在對潛意識廣告進行廣泛研究後，開始對過去的研究結果有所質疑。但無論這種廣告手法是否有效，這道禁令都是對的，因為廣告的企圖是在視聽大眾不知情的情況下操弄他們。不過，實際上這類廣告的效果很可能無足輕重。

迷思 46

蟑螂能躲過核爆而倖存下來

一九五〇年代科幻電影的觀眾對核爆的結果很清楚，大多數生物都被消滅殆盡，但有些生物則存活了下來，變異成怪物。這些倖存者當中可能有巨型螞蟻或嗜血的囓齒動物，甚至可能會有詭異的放射性蜘蛛，準備替你創造一個像蜘蛛人這樣的好鄰居。而在每個人的心目中肯定沒忘記蟑螂，這種昆蟲也絕對在這批倖存者的行列中。這樣的畫面甚至出現在皮克斯動漫電影《瓦力》（*Wall-E*）裡，電影裡這個末日後的機器人有一隻名叫哈爾（Hal）的寵物蟑螂。為蟑螂取這個名字，似乎是一語雙關的嘲諷，同時取笑電影《二

○○一：太空漫遊》（*2001: A Space Odyssey*）中精神失常的超級電腦哈爾九千（HAL-9000）和《勞萊與哈台》（*Laurel and Hardy*）的製片人哈爾·洛奇（Hal Roach）。在英文中，洛奇的發音與蟑螂（cocroach）相去不遠。

要檢驗蟑螂是否真能逃過核爆，一種方法是前去烏克蘭的車諾比附近的鄉村。當年車諾比核電廠的爆炸可以說是人為疏失和不良系統的綜合結果，一九八六年四月二十五日，在測試緊急冷卻系統時，操作員差點關閉反應爐。為了保持能量流動，工程師跳過安全系統，提高反應速度。由於溫度突然升高，蒸汽壓力變得太大，最後將反應爐炸開。

輻射擴散到周邊廣闊區域，之後人類都搬離了。不過，今日車諾比周圍的森林並沒有怪物棲息，而是充滿了健康的野生動物。的確，許多動物都死了，但那些倖存下來的動物還是繼續正常繁殖。幾乎可以肯定，在那些倖存的動物中，蟑螂也包括在內。這不是因為牠有什麼能夠在核爆中倖存下來的特殊能力（實際上，車諾比事故嚴格來說並不是核爆，而是蒸汽壓力釋放出放射性物質）。

蟑螂當然是倖存者。這種常見的昆蟲與白蟻和螳螂的親緣關係相近，生存在許多不同的棲地環境中，目前已知有四千多個不同的物種，但其中只有幾十種會與人類共生。這些害蟲主要以我們掉落的食物為生，特別是在餐廳廚房裡。

事實上，蟑螂的種類繁多，能夠適應地球上的各種氣候，從極地到熱帶都可見到。牠們存在的時間也比我們長得多，人類大約存在了三十萬年，而其他原始人類可以追溯到幾百萬年前。但蟑螂的祖先可以一路回溯到恐龍幾乎完全滅絕之前，大概是在三億多年前。

毫無疑問，蟑螂是種生命力很強的昆蟲，但牠們並沒有在艱困的生存條件下存活的優異紀錄。倒是水熊蟲（tardigrade）這種奇怪的小生物相當令人

刮目相看，牠們的體長大約半公釐，與蜈蚣是遠親。緩步動物在許多極端條件下都能存活，諸如高溫和寒冷、乾燥和缺乏食物來源時，甚至是暴露在外太空中。有些蟑螂在上述這許多情況中也表現不俗，不過還稱不上出色。例如，蟑螂在負六度左右可以存活長達十二小時。但緩步動物在負二十度下可以存活三十年，而在負兩百度下還可以活上幾天。

蟑螂在核爆後的生存機率比人類更有勝算，這樣的想法似乎可以追溯到一九四五年，在日本遭受原子彈攻擊後，當時有人在廢墟中看到了蟑螂。雖然蟑螂確實比我們能承受更多的輻射量，跟人類相比，大約需要十倍的輻射量才能殺死蟑螂；但與水熊蟲相比，牠們也只算是中等，那些非凡的生物可以承受人類極限輻射量的一千倍。因此，如果我們真的放任人類族群走向滅絕，在那之後要是真有任何生物要接管地球，那麼水熊蟲出線的可能性要大得多。

迷思 47

吃魚會變聰明

魚是肉類的健康替代品，長久以來，父母就試著說服孩子學著吃魚，強調魚肉可以「補腦」，吃了會變聰明。過去會產生這種概念的確切原因還沒完全釐清，不過近來的說法則強調這與魚體內的歐米茄三脂肪酸（Omega 3或ω-3）有關，目前市面上也推出了魚油等營養保健相關產品。

ω-3脂肪酸的分子中有兩個碳原子是以雙鍵結合，出現在分子末端數來第三個位置（因此得名ω-3）。這些脂肪酸普遍存在於魚油中，同時也存在於一些堅果和種子中。一般普遍認為，食用脂肪含量高的魚是獲取這些魚油最好的方式，比服用補充劑這類營養品要好得多（除此之外，魚油補充劑往往含有大量的維生素A，很容易有服用過量的問題）。

至於要評估飲食對心智能力是否真的有好處並不容易，其中一大挑戰是難以將飲食與其他因素區分開來。例如，一個飲食良好的家庭也會為他們的孩子提供各種其他支持智力發展的東西。要確定飲食是否有益腦部是很困難的，而且許多研究都設計不良，不是受試人數過少，就是沒有適當控制其他因素。但這一切並不會讓媒體停下腳步，反而不斷聲稱有充分的證據顯示魚類，特別是含有ω-3脂肪酸的這種魚油能夠補腦。

在英國，媒體經常報導的兩項試驗都是在英格蘭東北部進行的。一個規模相對較小，大約有一百個孩子參與，這項試驗讓他們服用ω-3魚油膠囊，還有加入「雙盲」的設計，確保孩童和研究人員都不會受到自身期望的影響。英國廣播公司在試驗結果公布前就報導了這項測驗，並聲稱一位名叫艾略特

（Elliot）的學童，過去一直處於落後狀態，但在服用後突飛猛進。「在過去的一年內，艾略特幾乎變了一個人，」英國廣播公司滔滔不絕地說著：「他已讀完《哈利波特》全系列，現在下課鐘聲一響，就會前往圖書館。」這是一則很不負責任的報導，就試驗設計是雙盲的這一點來看，艾略特是否有服用含有 ω-3 的魚油膠囊還是個未知數。而且最後公布試驗的結果後，整體來看，魚油對孩童並沒有展現出益處。

第二個試驗在規模上似乎要好得多，一共有三千名兒童參與，而且結果確實支持魚油是有益的。然而，這項試驗是由一家魚油公司來進行，而且在試驗設計上沒有加入控制組（因此沒有辦法比較服用魚油者和未服用魚油者的差別）。此外，當中有超過兩千名兒童在試驗結束前就離開。也許當中最糟糕的是，參與試驗的研究人員會期待得到正面的結果，而且在公布數據時僅挑選這部分的結果。這種做法稱為「摘櫻桃」（cherry-picking），這讓整個試驗完全無效。

評估臨床試驗的世界領先機構「考科藍文獻回顧」（Cochrane Reviews）截至目前都未能找到任何服用魚油而產生顯著益處的研究。更有甚者，這似乎還會對老年人和懷孕期間服用補充劑的孕婦所產下的嬰兒造成些微的負面影響。

所以，吃魚真的不會補腦。目前只發現有兩種食物似乎對認知會產生可測量到的好處。一個是在喝母乳的嬰兒身上發現的小幅改善；另一個則是咖啡（不是光攝取咖啡因，而是完整的咖啡），這似乎可以稍微提高中年人的心智能力。

迷思 48

電視和電影是利用視覺暫留的效果來產生連續運動的畫面

稍微認真想一下就會覺得我們在電影院、電視和網路影片上看到的那種動畫片很奇怪。這些圖像其實根本不會動，螢幕上顯示的是一系列靜止的圖像，或稱為「幀」（frame），通常每秒會顯示二十四到五十幅。然而，我們所看到的影像，就像在真實世界中移動一樣。

這項技術可以回溯到攝影之前。在一八二〇年代和一八三〇年代，出現了許多娛樂性的視覺玩具，例如奇幻劇（thaumatrope）、幻影鏡（phenakistis-cope）和西洋鏡（zoetrope）。這些裝置使用旋轉圓盤或圓柱體，

其上裝有一格接一格的逐步圖像，通常是手工繪製的，然後以很快的速度旋轉，讓人接二連三地看到一張張圖像在眼前閃過，產生動畫的印象。移居美國的英國攝影師埃德沃德．邁布里奇（Eadweard Muybridge）拍攝一系列連續快速移動的動物和人的照片時，這些最初是在西洋鏡中觀賞，後來在一八七九年邁布里奇使用他稱之為動物實驗鏡（zoopraxiscope）的設備來進行投影。

這種把戲的運作利用的是「視覺暫留」（persistence of vision）的原理，這恰巧與投影式的動畫影片在同一個年代問世，而且在整個二十世紀大眾普遍都接受這就是我們看到動畫的原理。視覺暫留的想法是指每個快速顯示的靜止圖像會在大腦中停留足夠長的時間，填補下一張圖的時間空隙，讓兩張圖接續起來，因此兩者間的差異看起來好像是由運動所引起。

不過，這種說法現在已經完全遭到拋棄，因為它有兩大問題。雖然我們確實有視覺殘像，但這要到圖像消失後大約五十毫秒才會形成。這還沒有快到足以填補兩張圖像間的差距，也無法避免視覺閃爍。就此來看，利用視覺暫留來產生動畫的這整個想法是不合邏輯的。若是將兩張以上的電影膠片中的圖像疊加起來，並不會看到連續的動作，只會變得模糊不清。

動畫圖像單純只是我們眾多錯覺中的一種，是大腦和眼睛聯合起來掩蓋視覺潛在問題的一種技巧。人看待周圍世界的方式與偵測用的攝影機不同，我們的大腦會記錄來自眼睛的視神經所傳入的各種信號，挑選出形狀、邊緣、顏色和陰影對比等細節。從這些資料中，再拼湊出我們世界的圖像。

若是仔細考量眼睛和大腦如何處理這些資訊，這一切其實不足為奇。比方說，眼睛後端有一塊沒有受體的小區域，換言之我們理當會有一個盲點，但大腦會利用雙眼的資訊來重建這塊缺失的部分。而就這點來說，我們的眼睛會以掃視（saccades）來處理，也就是以非常快速的動作四處環視。若我們所看的是眼睛所掃視而過的，那會是一片不斷晃動的景象，比最業餘的手持錄影機還要糟糕。我們的大腦會對所有這些視覺資料進行編輯，創造出一個表面穩定但嚴格來說並非真實的觀點。

我們之所以會看到一系列靜止圖片在螢幕上順暢動作其實與視覺暫留毫無關聯，而是大腦的視覺處理過程在創造具有一致性的整體畫面時所產生的意外副作用。大多數的視覺錯覺都具有暫時性的樂趣，偶爾也會有造成困惑的時候，好比說這讓人產生錯覺，認為月亮看起來比實際上來得大，而動作影像的視覺錯覺則讓我們得以享受這樣有趣的娛樂形式。

迷思 49

演化的改變需要等上數百萬年

在今日社會中，某些人仍然對演化的真實性抱持質疑；但從科學上講，這是毋庸置疑地。演化是指物種發展的方式，這是簡單的常識。生物將特徵傳遞給後代，這些特徵在個體間存有變異，我們現在知道這是來自基因的變異。個體在特定環境中的生存能力取決於這些特徵，因此，自然而然地，那些具有能夠幫助生存的特徵的個體更有機會將這些特徵傳給後代。

許多演化論的反對者接受「微演化」（microevolution）的觀點，即一個物種在特定環境中可以產生變異以利於生存，但他們卻不大能接受新物種是從舊物種演化而來的觀點，這恰恰反映出物種發展和變化的奇特之處。在科學中，每個後代與其親代都是同一物種。所以，照這個邏輯來說，可能會覺得這種方式確實不可能演化出新物種。但在實際上，這並不構成什麼大問題。

這裡可以想想彩虹的顏色，這會是一個很好的類比。正如之前所提，彩虹的顏色數量遠遠超過七種，以一台標準規格的電腦來說，可偵測到的顏色超過一千六百萬種。但是如果用肉眼來看其中任兩種相鄰的顏色，是無法區分出差別的。一顏色總是與其相鄰顏色「相同」，但在整條色相譜上，顏色會出現明顯的劇烈變化。一個物種，就好比顏色，這不是一組確定的東西，而是累積的特徵。當這些特徵累積到足夠的變化時，就會有一個新物種。

重大的演化變化，例如，從類似細菌的生物體變成像我們這樣的哺乳動物，確實跨越極長的時間尺度。達爾文意識到需要有這樣長的時間，而且早在演化論發展的初期，他就跑在日後用以支持他的理論的物理學和地質學之前。例如，在了解太陽是以核融合來發光發熱前，人們一直認為它是在燃燒，但若真是如此，不可能持續超過幾百萬年，因為這樣就沒有夠長的時間出現我們所看到的生命整體的演化。我們現在知道地球已經存在了四十五億年，生命在這段時間的大部分時間裡都是存在的。

在思考這些問題時，很容易將演化限制在這些漫長的「演化」框架中。但是演化一直在發生，而且可以在非常短的時間內產生明顯的結果。在這方面，胡椒蛾這種昆蟲是個很好的例子，牠們出現過一種稱為「工業黑化」（industrial melanism）的過程。這種飛蛾在歐洲很常見，牠演化出一種顏色，可以融入長滿地衣的斑駁樹木的表面。鳥類不太可能捕食這類難以發現的飛蛾。

在工業革命期間，飛蛾喜歡的樹皮在工業區變得較黑。這有部分是因為煤煙，另一部分是因為污染物殺死了地衣，露出了下面顏色較深的樹皮。在

經過幾個世代後，飛蛾變得更黑了，不僅是一點點，而是非常明顯。顏色總是有一些變化。隨著樹皮變黑，顏色較深的飛蛾更有可能逃過鳥類的捕食，倖存下來並能夠繁殖。

自從清淨空氣法案推出以來，工業城鎮的建築物變得較為清潔和明亮，樹木也是如此。結果，飛蛾又恢復了原來的顏色。這樣的演化只花了幾十年而不是數百萬年的時間。加拉巴戈群島的達爾文雀也是一個例子，在牠們身上觀察到類似的結果。根據天氣和氣候的變化，會有不同類型的植物在這裡生長。當最常見的種子是又大又硬的種類時，長著大喙的鳥類就會蓬勃發展；當大雨使小種子的種類變得更加普遍時，擁有小喙的鳥類就會增加。而這一過程可在不到十年的時間內就觀察到。演化一直伴隨著我們，隨時在發生。

迷思 50

科學是以證明理論來運作的

大家普遍認為科學家是在對自然進行偵探工作，他們從觀察中推導出關於世界深層現實的推論，由此來證明到目前為止僅是處於理論階段的假設是否為真。這幅對科學運作的圖像，對於今日這樣一個依賴科學存續的社會來說，既不正確又具有潛在的危險。

科學的運作其實是透過尋找模式來進行。如果宇宙每次發生事情時都展現出不同的行為，那麼就只會出現混亂，沒有潛在模式，也就不會有科學。我們當然可以建立一些簡單的科學真理，比方說，要是我說在這個盒子裡有五顆彈珠，很容易就能確定我的理論是否正確。但就這件事的本身而言，這僅是在給某些東西貼標籤，並不算是在推動科學進步。我們需要能夠建立那些潛在的模式，在上述這個例子中，便是去問為什麼盒子裡有五顆彈珠。

然而，要證明一個模式適用於所有情況是非常困難的。如果我有一個理論，比方說，物體在重力作用下會向下掉，而不是向上，我不可能去檢查宇宙中的每一個物體來推斷這個理論是否為真。科學家在這裡所做的，不是透過推論來證明事實，而是運用歸納法。這用的是我的觀察，每當我看到某物在僅受重力影響的山上滾動時，它總是滾下去。如果有看到物體是向上滾動的，我需要先檢查是否存在有視覺上的錯覺。使用歸納法，我只能發現一個理論是否繼續得到支持，或者它是否有問題，但我永遠無法確定絕對真理。

關於歸納法的極限，有個很有名的例子可以說明，即天鵝都是白色的理論。過去在歐洲，每個見過成熟天鵝的人都可以確認牠們是白色的，因此可

以用歸納法來建立所有天鵝都是白色的理論，這完全可以成立……直到有人前往澳洲，看到了他們生命中的第一隻黑天鵝。這時，這個理論就必須修正了。

在複雜度超出僅是標記事物的程度時，科學依賴的是發現那些潛在的模式。科學家會提出一種理論或模型來解釋觀察到的特定模式，並預測未來模式的可能性。理論是對事情發生原因的描述，而模型是一種簡化的機制，它會產生與現實世界現象相似的結果，但我們尚不完全理解當中的機制。就科學史的發展來看，這些模型通常是在談論機制的，而現在的科學往往是以數學來描述這些機制。

如果理論或模型的預測成真，它就得到支持，但如果預測失敗，就需要找其他的來替代，或是加以修改。當然，科學家也是人，即使學界的共識已經轉向，也會堅持他們畢生致力研究的理論或模型。不過，總體而言，長時間下來，科學方法在處理與現有理論相矛盾的新證據這方面，可說是成就卓越。

這意味著（再一次，在比單純的標記事物更複雜的其他方面）科學不是在建立真理，因為這永遠不可能完全達成。科學家所做的，其實是根據現有數據來建立一個最佳理論和模型，以此來解釋正在發生的事情。如果出現與理論相矛盾的新數據，我們必須隨時準備好改變觀點。

「理論」（theory）一詞的使用特別容易引起混淆。舉例來說，演化論經常受到有宗教信仰者的駁斥，認為這個理論挑戰了他們對造物主的信仰，並指出這不過「只是一個理論」。這是因為，在一般用語或日常對話中（尤其是在英文的語境中），理論指的是一種證據力薄弱且尚未得到證實的想法。但是得到廣泛支持的科學理論是我們迄今擁有的最好解釋，這不「只是一個理論」，而是讓人「引以為傲的理論」。

科學為我們做了很多，從醫學到生產現代電子產品所需的量子物理學，在各方面都有巨大進步。理論帶來新想法以及綜觀全局的能力，從宇宙學中關於宇宙起源的假設到對希格斯玻色子的追求，並且基於此來認識其粒子及質量。但科學永遠不可能證明理論的真實性，它會一直改變與進化。

國家圖書館出版品預行編目（CIP）資料

閃電就是會打在同一個地方！：從小到大耳熟能詳的 50 則科學迷思大破解 / 布萊恩．克萊格（Brian Clegg）著；王惟芬譯 . -- 初版 . -- 臺北市：商周出版：英屬蓋曼群島商家庭傳媒股份有限公司城邦分公司發行 , 民 112.3
面；　公分 . --（BO0344）
譯自：Lightning often Strikes Twice
ISBN 978-626-318-608-8（平裝）

1. CST: 科學　2.CST: 通俗作品

307　112002110

BO0344

閃電就是會打在同一個地方！

從小到大耳熟能詳的 50 則科學迷思大破解

原文書名／Lightning often Strikes Twice
作者／布萊恩・克萊格（Brian Clegg）
譯者／王惟芬
企劃選書／陳冠豪
責任編輯／陳冠豪
版權／吳亭儀、林易萱、江欣瑜、顏慧儀
行銷業務／周佑潔、林秀津、黃崇華、賴正祐、郭盈君

總編輯／陳美靜
總經理／彭之琬
事業群總經理／黃淑貞
發行人／何飛鵬
法律顧問／台英國際商務法律事務所
出版／商周出版　台北市中山區民生東路二段 141 號 9 樓
電話：(02)2500-7008　傳真：(02)2500-7759
E-mail：bwp.service@cite.com.tw
Blog：http://bwp25007008.pixnet.net/blog
發行／英屬蓋曼群島商家庭傳媒股份有限公司城邦分公司
台北市中山區民生東路二段 141 號 2 樓
書虫客服服務專線：(02)2500-7718・(02)2500-7719
24 小時傳真服務：(02)2500-1990・(02)2500-1991
服務時間：週一至週五 09:30-12:00・13:30-17L00
郵撥帳號：19863813　戶名：書虫股份有限公司
讀者服務信箱：service@readingclub.com.tw
歡迎光臨城邦讀書花園　網址：www.cite.com.tw
香港發行所／城邦（香港）出版集團有限公司
香港灣仔駱克道 193 號東超商業中心 1 樓
電話：(825)2508-6231　傳真：(852)2578-9337
E-mail：hkcite@biznetvigator.com
馬新發行所／城邦（馬新）出版集團【Cite (M) Sdn. Bhd.】
41, Jalan Radin Anum, Bandar Baru Sri Petaling,
57000 Kuala Lumpur, Malaysia.
電話：(603)9056-3833　傳真：(603)9057-6622　E-mail: services@cite.my

封面設計／FE 設計　內文設計排版／林婕瀅
印刷／鴻霖印刷傳媒股份有限公司
經銷商／聯合發行股份有限公司　電話：(02)2917-8022　傳真：(02) 2911-0053
地址：新北市新店區寶橋路 235 巷 6 弄 6 號 2 樓

■ 2023 年（民 112 年）3 月初版

Printed in Taiwan
城邦讀書花園
www.cite.com.tw

定價／ 390 元（紙本）　270 元（EPUB）
ISBN：978-626-318-608-8（紙本）
ISBN：978-626-318-611-8（EPUB）